修正版譯者序言

這部「浮士德研究」譯稿能與世人再行見面，使我異常高興！初譯於民國二十三、四年間，而出版則在民國三十四年十月的重慶。中間經過，非常屈折而有趣，不可不記。我於民國二十三年從巴黎回國後，適有機會在天津河北省立女子師範學院教「西洋名著選讀」，卽以「浮士德」來與同學們研讀，將巴黎大學敎授黎克登貝吉在敎室中所用的講義譯爲中文，以作講解之助。原書並不叫「浮士德研究」，只是黎氏法文譯本「浮士德」的序文。我因其深入而有趣，對初步了解「浮士德」的讀者極有幫助，故而譯爲中文，題之曰「浮士德研究」。想不到引起了女師學院同學們的興趣，她們還特別組織一個「讀書會」，每週聚會一次，作爲課外研究。參加的同學不僅踴躍，而且發言盈庭，熱烈討論。這種情形，到現在我還記得淸淸楚楚。當時參加的有張敏言、高福媛、李天眞等等。幸虧引起同學們興趣，高福媛同學把這部譯稿帶至大後方，才有出版機會，否則，也就永遠埋葬於日本飛機的轟炸之下了。詳細情形我曾於初版序中言之，此地不再重複。

民國三十四年的大重慶，正處日本大轟炸之後，物資缺乏，印刷尤感困難。在這種情形之下，一本書只要能出版也就算是萬幸了，何能求其精美。我於民國三十八年來臺時只帶了一本，紙張旣差，印刷又壞，數處又被虫咬，幾不可卒讀。時時希望能把它重新整理一過，再行出版，始終無此機會，一隔又是二十多年。如今三民書局印行「滄海叢刊」，把它編列在內，重新校對兩過，不僅有故人重之感，而且也眞有隔世之感！引起了我在巴黎大學時親聆黎教授講授此課時的情形，以及我在天津女師學院時沈沒在這部講義中而專心一意在譯述的熱誠。

這部「浮士德研究」，除它能領導我們了解「浮士德」外，它本身就是一部典型的文學批評，所以我樂意把它再獻給讀者。黎氏爲使我們鑽入歌德的心靈，化了不少的考據工夫。但考據是爲追尋作者創造的動因，也爲追尋作者創作時的心理形態，而使讀者站在這種心理形態來了解作品，並不是爲考據而考據。這種方法，給我的影響很大。我就是以這種方法來研究中國文學。「浮士德研究」能使我們深入到歌德的心靈而來欣賞他的「浮士德」，我也希望我的研究，能使讀者深入到我國作家的心靈裡。

此次再版，除將譯文加以改正外，並將原注一律删去。因爲這些註釋都是版本上的問題，對看不到原書的讀者無大意義。唯一憾事的，是我的法文原本已埋葬於抗戰初期日本的轟炸之下，不能再作對照，以減免更少的錯誤。尚乞有此書法文本的讀者指敎！

民國六十四年十二月二十二日李辰冬序於臺北

譯者序言

一九三二年（民國二十一年）的秋季，我從布魯塞爾到巴黎，開始作「紅樓夢」的研究。為想認識「紅樓夢」在世界文學上的地位，將它與「神曲」、「堂・吉阿德」、「漢姆雷特」、「羅曼歐與朱麗葉」、「浮士德」、「人間喜劇」、「戰爭與和平」、「約翰・克雷斯多夫」等作品先做一番比較的工夫。適恰這時巴黎大學開有 Baldensperger 教授的「哥德研究」，H. Lichtenberger 教授的「浮士德研究」等課；還有以前曾在巴黎大學講授的 H. Hauvette 教授的「神曲導論」與在法蘭西學院講授的 P. Hazard 教授的「堂・吉阿德」也都出版。這些教授都是專家，而又作專題講授，給我的啟發非常之大，提起了我很高的興趣。尤其吸引我的是黎克登貝吉教授的「浮士德研究」一課。

黎克登貝吉教授那時已六十多歲，他講話的聲音並不高，但音調異常鏗鏘，有如金石之聲，使能容納三四百聽衆課堂的每一角落，都可清晰地聽到他的聲音。他的講授方式不像其他巴黎大學教授的口如懸河，演說家一般，而是將講義寫好，一句一句在課堂上念，且是坐在講臺上目不視衆地念。這是一種最危險的講授方法，因爲不易集中聽衆的注意力，且易致秩序紊亂。然因他的講義內容吸住了聽衆，三百多學生都是鴉雀無聲，眞可說靜得地下掉一個針都可聽見。我從十二月一日開課直至次年五月底停課，中間未曾缺席一次，足證這門功課給我的興趣。從這時起，我卽決心將他的講義譯爲中文。一九三四年回國後，適有機會在天津河北省立女子師範學院講授「西洋名著選讀」一課，卽以「浮士德」來與同學們研讀，而將「浮士德研究」作爲解釋藍本，一面講，一面翻譯，這部譯述就是這樣產生的。

我國文藝界都在大聲疾呼偉大文藝的出現，然所以尚未出現的緣故，對偉大作品沒有深刻的認識，恐怕是一種主要的原因。硬憑我們的天才來創造未始不可，但如果有模範可學，更易促成天才的完成。這樣講來，我們對中西偉大文藝的認識似還不夠。我們得先知道什麼樣才是偉大的作品，那末，才能依照着這樣標準去創造偉大的作品。或許有人要問：「神曲」之前並沒有「神曲」，「浮士德」之前並沒有「浮士德」，「紅樓夢」之前也沒有「紅樓夢」，而這些都是登峯造極之作，爲什麼沒有更偉大的作品在前而能產生偉大的作品呢？是的，「神曲」、「浮士德」、「紅樓夢」之前沒有像它們這樣偉大的作品，然我們考察一下文學史，當但丁寫「神曲」，歌德寫「浮士德」，曹雪芹寫「紅樓夢」之前，已經有許許多多雖不是偉大而是傑出的天才家們在爲他們準備道路，它們是集這些天才家們之大成。在他們的心目中，一定有一種什麼才是理想的偉大文藝，於是照這種理想去創造。他們的理想是由他們讀過的文學作品中歸納而來。假如我們對我國的文學遺產尚未深解，對西洋的文學遺產不作徹底的認識，那我們怎樣會集前人之大成，而有更偉大的文學呢？拋棄了前人給我們修好的道路而不由，硬憑我們的天才從新在摸索，並不是不能成功，然要事倍功半。所以認識偉大的作品，實爲我國文藝界當前的急務。根據這個宗旨，我才來翻譯這部「浮士德研究」。

「浮士德」是一部相當難懂的悲劇，尤其是下卷。難懂，不僅對我國的讀者，即對歐洲的讀者也是一樣。我們必須藉註釋來瞭解它的含意，藉批判來欣賞它的美感。談到註釋，歐洲的註釋家也像中國的註釋家一樣，往往喜歡鑽牛角，忽略了全書全篇的整個意義，而專注意一字一句的訓詁。結果，穿鑿附會，矛盾百出，反使讀者墜入五里霧中。即至批判，也是言人人殊，愈讀批評，愈使我們不知「浮士德」眞正價值之所在。找一部眞正能領導我們認識「浮士德」價值的，以一般歌德研究者的公論，認爲黎克登貝吉教授的這部研究是最值得推重的。因爲，一方面它最後出版，所謂後來居上，可以集以往各家註釋之大成；另一方面它是最常識，最通俗，最深刻的批評，可以領我們登堂入室，窺見「浮士德」的玄奧。文學是人生的表現，愈是偉大的作品，對人生的眞諦認識得愈清。必須從人生的觀點出發，才能領會文學的意味。可是一般學者忘記了這個基本要點，而用他的學識來鑽研文學作品的形式，以致學識自學識，作品自作品，二者風馬牛不相關。黎克登貝吉教授之勝人一籌者，就在他從人生的觀點來解釋「浮士德」，「浮士德」的眞正價値，使我們一目瞭然。他的一切考證，一切註釋，一切辯駁，都集中到這一目標。所以「浮士德研究」一書，不祇揭開了人們對「浮士德」的謎，它的方法也是我們治文學批評者應當效法的。

黎克登貝吉教授是「浮士德」專家，他早年就將「浮士德」譯成法文。這個譯本在法文五六種的譯本中推爲最好的。舊譯本的前面就載着長序，作爲「浮士德」的介紹。又經過數十年的研究，在巴黎大學開「浮士德」研究專課，所用講義就是根據舊譯本裏這篇長序而增修的。一九三二年講授後，於一九三三年將講義分上下兩篇，仍作所譯「浮士德」上下兩卷譯文的導言，交Edition Montaigne 以德法文對照印行出版。將上下兩卷導言合而印成單行本，這部譯稿還是創舉。原導言不分章節，祇分大小段落，於段落中又註小標題。現在的章節形式是譯者改編的。換言之，就是將它的大小段落作爲章，段落內的小標題作爲節，如此，清楚醒目，較之原導言讀起來要方便得多。本書中有許多爲我國讀者不易瞭解之處，特詳加註釋，附於書末，以備參考。

黎克登貝吉教授由他的姓名看，祖籍好像是德國人，他的文字頗帶德文風格，累贅囉嗦，不像一般法文那樣清新流暢，所以譯來頗費氣力。往往一句原文得分成幾句中文才可清楚，譯者對翻譯的主張，不贊成直譯，也不取法意譯，只是將原文的意思恰當地傳達出來，不失原意而使我國人瞭解。這部書的譯文，即依此旨。然內中錯誤，在所難免，尚望同好教我！

最後我不得不提到的，就是這部譯文原是在天津女師學院講授「西洋名著選讀」時的講義，可是因民國二十六年七月天津華埠被日寇攻陷時，倉卒奔赴租界，所有衣物手稿均被轟炸，幸有高福媛同學因作畢業論文，携此講義來到後方，承她慨予讓與，才得修正出版，謹向高女士致謝！再者，處現時紙價昂貴，印刷困難，發行阻塞的時際，王雲五先生毅然接印這部極專門的書，他這種爲文化而努力的精神，實在值得我們欽佩，一並向王先生致謝！

中華民國三十四年九月序於重慶

浮士德研究　目錄

卷下

第一章　導言

「浮士德」、沒有一點懷疑，是歌德留給我們的一部最天才最深刻的懺悔錄。這部代表作以極顯明的態度，總結了他的生活，他的思想，他整個的人。它在作者想像裏的成形，無疑的始於一七六九年左右。那時這位二十歲的青年，剛剛離開病態的萊普錫（Leipzig），且在受了大學教育的啟示和初期戀愛生活的覺悟之後。直到一八三二年一月，他死的前幾週才把第二部加以修正，而出版還在死後。這樣，歌德用六十多年工夫創造他的「浮士德」，他的精神生活的各階段，都次第在這裏反映着。藉歌德死的百年紀念，哲學家居納曼（Kühnemann）照浮士德的演變做一種關於歌德的綜合研究。詩人每一階段的生活，都在這部他思想與生活的最高結晶「浮士德」裏，順各部分的次序依附着。在「浮士德初稿」（Urfaust）——作於一七七一與一七七五年間——裏，找出歌德在狂飆運動年代熱烈改革者的混雜氣習。在一七九〇年寫的「浮士德斷片」

（Fragment）裏，顯出他的靈魂與自然的密切連結，這種連結留下了深刻與濃厚的快活痕跡。在一七九七與一八〇六年間完成的第一部定稿裏，此期正是他與席勒（Schiller）親暱的時代，「浮士德」的概念在他的想像裏確定。他的詩有了哲學價值，並擴大爲人類的戲劇。最後在第二部裏——主要的寫於一八二五到一八三一年——以順次象徵的靈悟，給我們傳達出這位老者最高直覺的智慧。以全部論，「浮士德」總結了歌德整個生活的經驗。詩人在那裏顯出一個天才者上昇的情形，從奮激與悲觀的巨人主義，從熱烈的對上帝反抗，從失望而對生命的咒罵，在無窮的願望激刺下，順異端與邪惡的苦痛道路，漸漸昇到仁慈，最後，昇到推知人生最末的意義，在實際生活裏，樂意承受像歌德的一句著名詩句所宣示的：

任何生活都是良善的。

以下我們先講述這部奇特作品，從他傳說的原始，直到「浮士德」第一部悲劇的完成（一八〇八）。至於「浮士德」第二部的構成，放到下卷來研究。

浮士德學目錄

當然，不能在這裏寫一個關於「浮士德」很詳細的目錄，他的範圍廣得無法計算。Engel (Oldenberg 1885)，僅舉出從十七世紀到一八八六年，只關於研究「浮士德」的書，就有二千七百一十四種。如有願意深造的讀者，可在哥特克(Goedeke)的 Grundriss 裏得到整個的指示。或是在「德國新文學編年史」或在「歌德年鑑」裏亦有詳審的陳述。在 Witkowski 版第二册一七〇頁後，也可找到關於「浮士德」著作的撮要目錄。

原稿

幾乎所有「浮士德」的原稿和片斷，都收藏在魏瑪的歌德文獻館裏，在斯米特 (Enich Schmidt) 刊行的魏瑪評註版第十四與十五兩册裏，可找到原稿的詳細說明。

第二章　歷史上與傳說上的浮士德

浮士德博士不是整個由歌德想像裏創造的；這是一位一部分歷史上，一部分傳說上的人物。歌德注意他時，他已有很遠的歷史。他是一個最富變化且最悠遠的典型，卽以成爲魔術師而論，在民間傳說也有數世紀之久。

一　魔術師的典型

原始基督敎主義承受東方與猶太傳統遺風，認爲惡魔與神靈世界是相反的。說有一種墮落的與邪惡的精神世界存在，首領是撒旦。他在上帝允許的範圍內，盡力使人們墮落，向人們施行可怕的權能。也是很早就傳佈着一種信仰，說是邪惡的精神如同良善的精神一樣，都可藉魔術的幫助使之顯現。魔術並不一定都是極惡的技術。在「神靈之城」裏，聖奧古斯丁曾把魔術分爲黑白兩種，白的是好，黑的是惡。藉着魔鬼的援助，人們在各種環境內，都可獲得超越的知識與超越的智慧。照着服務這些智慧的必然習慣和照着達到目的所用方法的本質，決定魔術之合法與否。最困難且最冒險的，是驅逐魔鬼，驅逐撒旦也在內。要想魔鬼來服務，普通的辦法都是同他訂一個契約，講定相當的時期後，向他捨棄了自己，身體與靈魂永遠屬於魔鬼。契約可以是口頭的，但往往也以字據、證明，且以血簽字。顯現的地方大概都在幽靜的十字街頭。魔術師畫個圈子，把自己圈起來，爲的是精靈們不得逃跑。一些恐怖的靈悟，表示魔鬼的君臨。魔鬼總以大而可驚的黑影到來。契約一寫好，用一種沒有危險的形相跟着他所要服務的魔術師，大多用狗的形相。

這種傳統思想給我們遺留些魔術師的故事。這些故事中最著名的是魔術師西門的。照「使徒行傳」第八章第九至二十四節所講，他在撒瑪利亞地方遇到腓利爲他懺悔和領洗，繼而他拿錢給彼得想買一種權柄來完成他的奇蹟，但看到這種念頭得不着歡迎時，對自己要做的事發生恐怖，才悔過和求聖徒爲他祈禱。——也是很著名的還有 Cyprien d'Antioche 的。流行於四世紀，到五世紀被皇帝 Theodore 第二的皇后 Eudoxie 修正，最後一六三七年又被 Calderon 在他的 Magico Prodigioso 裏改爲戲劇，以最簡單的形式，敍述怎樣魔術師希波蓮必得獻給少女 Aglaidas 一種基督教的愛；所有希波蓮派的魔鬼都被基督教的道德打敗。希波蓮看到他對神靈們的能力於基督教主義不生影響時，才行皈依。再講一個 Theophile 的傳說，他是 Adana 教堂的帳房（六世紀）。這個傳說從十至十六世紀，流傳非常之廣，主要意思想證明天堂魔術師較地獄魔術師之超越性，即令與魔鬼成立契約，仍可宣佈失效，如果這個罪人追悔的話，仍可回復到教會的懷抱裏。

這三個傳說與浮士德的如是類似，所以人們假想它們間有父子關係。但只是假設而無確切證據。我們不妨假想它們對浮士德的題旨有直接影響。中古時代關於和魔鬼訂約的故事，到處皆是，如 Militarius 的傳說。他對他所管轄的聖職墮落後，藉猶太魔術師的輔助，驅逐魔鬼，經劇烈的戰爭後，他終於脫離了魔鬼的橫暴。再如 Césaire de Heisterbach 講的一位大學生，招魔鬼幫助他記憶力的薄弱，但當他死時，忘記了他的可咒的法術，於是得到上帝的原有。這些，同時也是魔術師 Morlin, Robert Le Diable, Tannhäuser 的傳說。甚而著名人物如 Roger Bacon（註一），Albert Le Grand（註二），Ratisbonne 主教或教皇如 Sylvestre II（註三），Grégoire VII（註四），Paul II（註五），Alexandre III（註六）等在當時人的眼裏，都疑惑他們是魔術師。

至十六世紀，奇異事物的嗜好激出最鮮艷的花。我們現在走到中古時代的交界。人類精神雄偉的獨立，開始在天空發放光明。是這個偉大的發明時代，使我們認識新世界，且以奇異的方式，擴張我們地理的限度。人們變成能用極精確的科學理智，剷除古代的科學，並根據數學，根據因果律建樹了對於宇宙的新觀念。光輝燦爛的文藝復與最初在意大利顯露。那裏伸展着大同的理想，那裏在最可敬佩的天才者如達文西（註七）或米喀郎琪羅（註八）之旁，熱情上還引起最堪憂慮的超人，放僻邪侈如 César Bargia（註九）。古代從墳墓裏復興。由這古代，到處發放着新文化的優美。熱情使一切華麗，使生活燦爛。德意志相繼地也參加這個運動：這期間可以看到世界聞名的藝術家如Dürer（註十），高等文化的貴族諷刺家如Erasme（註十一），神秘的基督教的與術士的人文主義者如 Reuchlin（註十二），好戰的巨人如 Urich von Hutten（註十三），但尤其重要的，還係宗教改革之來臨，而路得（註十四）這個奇異人物的顯現，是基督教新理想的具體化。——然這個偉大時代，無疑地也是現着不安與病態的症候。人類精神浮沉於許多嶄新的壓榨裏，以致失掉平衡與純潔。昏迷而且妄構些無根的幻想，溺惑於最愚鈍的迷信，和最謬誤的固執。這個時代風行一種對於異常的現象，對於從來未聞的奇特，對於極妄想的靈蹟之不合理的趣味。這個時代到處充斥着沿門賣藥者，鍊丹與鍊金者，占星家與曆書的製造者，手相家與符咒的售賣者。這個時代到處都相信鬼怪與精靈，魔鬼的顯現，鬼迷的現象，巫士的法術。這個時代失掉了區別眞理與錯誤的智慧，超越的學者和一般的民衆一樣。這個時代的人們把最謬妄的發明認爲是純正的眞實。

是在這種擾攘與混沌的環境下，產出半歷史半神話的浮士德博士形象。這位天才而可咒的投機事業者，緣於永遠的懷疑和對知識的永遠渴望，以致走到墮落的境地。文藝復興時代的人們，不但呼吸信仰的幸福，呼吸戰勝邪惡和死亡的宗教愉快；且需要深切地認識生命之可怕的神秘性，而爲啟示錄裏所沒有解釋的。這種需要認爲神聖的，同時也是邪惡的。在那時代的想像裏，把這種需要具體化到魔術師浮士德身上。他以精靈們爲媒介，想獲得自然的力量；但由迷途的緣故，離科學與快樂愈走愈遠，終於入到魔鬼的圈套，與之立了契約。經過一些短短的肉感陶醉後，成了撒旦的戰勝品，肉體與靈魂也都爲撒旦佔有。這個典型所以激起當代人趣味的，一則因極端的奇異，二則因深刻的疑懼。他的誘惑力，爲這種利用精靈們舉動，在民衆和知識階級看，是最好的方法高升到有力地步。以知識階級論，由意志、想像、智慧而完成「聖蹟」的信仰，是前進思想者得到一種普遍觀念的原素。在民衆方面論，對巫士和魔術師能力的信任，一般腦海裏是根深蒂固的。他之令人懼怕，因他在人們眼裏好像是走江湖者和善於欺騙的人，他已許多次讓人失掉對他的信任，而爲教堂所咒罵，宗教裁判所要處罰的惡人。

二　歷史上的浮士德

將歷史的人物名字加到這個典型的魔術師身上，已經在文藝復興時代一般的想像裏漂浮着。他大概在一四八〇與一五四〇年左右生存過。但關於他的傳說太多，現在很難舉出幾條確實的事件。他的名字或許是 Georges Faust; 生於魏登堡（Wittemberg）的 Knittlingen 或 Kundlig，然不無懷疑。傳說（Volksbuch）讓他生在魏瑪附近的 Rod，Widmann 確定的說他的雙親住在 Sondwedel, 那就是說 Nordmark 的 Salzwedel。其他的材料又告訴我們他的家鄉是 Heidelberg。結果，他的眞正出生地還是不一定。再者，Georges Faust 外，還有一位 Jean Faust。很像同一的人物而有兩個名字。但我們要問是不是有兩個浮士德呢？因許多地方在浮士德名字之前，加 Junior 指定的字。最後，我們甚而要問浮士德這個名字是他的眞名？或是不是藉拉丁文 Faustus 作他的名字，造成魔術師所要完成的最難事情「幸福」的幻覺？

關於他的生活知道得很少。從我們所能搜集的材料——內中許多是由浮士德同時代人而來，很有不可異議的確實性——來看，他是因環境而到處走的行險徼倖者，或賣技者。第一次的明文講到他，是 Tritheme 給 Virdung 的信（一五〇七年八月三日），說一五〇六至一五〇七年間他曾在 Franconie, Gelnhausen, Wü burg, Kreuznach 飄遊過幾年，以後他到 Erfurt，在那裏常同大學生們來往，還有一位佛郎西斯派的牧師 Kling 博士想超渡他，結果無效。好像他也到過萊普錫，很早就傳說他從奧愛爾伯哈酒店逃跑，是騎着木桶。他於一五二〇年經過 Bamberg，在那裏給紅衣教主算過卦。或許短期間他曾當過法王佛郎斯瓦第一的侍臣。並允許以天空飛行法將在瑪德里被囚的法王太子引回，這位太子是被 Charles Ouint 擄去以土地爲質的。他在魏登堡居留時，似乎認識路得，尤其是 Mélanchton（註十五）。一天不得不馬上逃跑，因政府下急令要逮捕他。一五二八年他在 Ingolstadt，又被此城的長官驅逐。晚年他總在萊茵河左近飄泊。人文主義者 Jean Weier，神學家 Gast，醫生 Begardi 與 Zurich，歷史家 Conrad Gessner，常提到他的功績與他的名聲。一五三九年左右他死於 Staufen-en-Brigau，似乎是突然而死的。因此，他死後不數年，民間就流言說他被魔鬼絞死，並被帶走。

這些證據告訴我們他是一位相當奇特的人物，名譽很可懷疑，但爲大衆所歡迎，爲學生們所喜愛，並能引起知識階級與地位極高的人們的好奇心。他不是著名的魔術師，能與 Trithéme 住持，Brandebourg 諸侯的醫生巴拉塞爾斯（註十六）或 Thurneyssen 的地位並列。以貴族階級與人民的愛戴論，他在這些名人之下。他僅是沿門賣藥者，而略帶仁慈心腸，到處一半賣藥，一半治病，變些戲法使人們迷惑，作些魔法和催眠術，占些命運，施些違法的醫藥，像 Panurge（註十七）一樣，他有許多玩意；但不很正直，向接近他的人們拐騙錢財。雖說他被人文主義，醫士，科學，神學的「護道者」們公然羞辱，和在魏登堡，Jngolstadt，Nuremberg 被當局驅逐，或下令逮捕，然這位行險僥倖者仍能騙得大衆的同情，甚而那些地位極高與知識超越的人們，像 Bamberg 的主敎或少年 Philippe de Hutten 會讓他算過卦，著名的語言家 Joachim Camerarius（註十八）和顧問官 Daniel Stihar 認他是占星術的師長，他很使數學家 Virdung 感趣味，由於他的科學讓 Tranz von Säcki gen 感動，因而給他一個學校來主持。這樣，我們要疑問人們對浮士德是否把他當成大知者，當成聖蹟的奇異製造等，和是否他在學生羣如同在大衆裏一樣，受到盛大的歡迎呢？總括看來，浮士德一點不是卓絕的人物，但是有趣和奇特。

三　浮士德的傳說

浮士德的傳說增長異常之速。他活的時候，人們已經敍說許多關於他的奇異事蹟。他死後沒有幾年，一般的想像就把他完全當成傳說的人物，用千百個神話來鋪張他的生活故事，尤其用些魔術師習慣上的特質或逸史來豐富他的傳記，而這些習慣是在當代的各種文學上常常遇到的。但這種工作是怎樣進展呢？據研究傳說的淵源及各種版本，許允我們假設浮士德傳說是特別在大學生羣裏生長着。這位著名的魔術師曾屢次在 Erfurt，萊普鏡，魏登堡，Ingolstadt 各地居留。傳說他曾在 Cracovie 研究過魔術，在魏登堡學過神學，得到博士的頭銜，並在 Ingolstadt 大學教過書，在 Erfurt 授過關於荷馬的功課，且在聽衆之前，讓荷馬所描寫的人物顯現。他自己吹噓能用魔術把已經失掉了的 Plaute（註十九）與 Térence（註二十）的喜劇再造起來。他曾在一個星期日把希臘的海崙呈現於學生們之前。又講他跟前總是圍着一大羣學生，是在學生羣裏消磨了他的晚年。他向他們懺悔自己的罪惡，向他們作最後的告別。他死後他們把他埋葬，並在他家裏找出他的學生華格納爲他寫的傳記。他們在這個傳記後面加上他可怕的死。浮士德之在學生羣裏著名是無可異議的。他死後不成問題在他們間流傳着眞或假的親筆字，與魔鬼所訂契約的手稿，與朋友們的信件，以及寫出或口授的關於他的冒險故事。不成問題，也是在他們之間，最初想搜集，繼而決定寫出他的傳記。這個故事或許先用拉丁文寫，後來才譯成德文，這就是通行而爲後來版本所由出的浮士德博士的傳說。其中最古遠的本子是一八五七年在 Francfort, Johann Spies 所印行的。

現在來看怎樣確定了魔術師浮士德的面目。不過這個故事的作者，顯然定是一位路德的新教徒。

我們知道自一五二〇年後，耶教徒的態度與人文主義者的比較，發生了一個根本的變化。一五二〇年時代，他們是同盟的，一種對中古時代的大學，貴族的中世紀課程，天主教的教條，與教會弄權的共同仇恨，使他們聯合起來反抗博士，神學家與修道士。這樣講，宗教改革可認是文藝復興的連繼；耶教徒是反基督教運動的辦事處。但這種同盟，我們知道，爲時很暫。路德與人文主義者們的根本歧異，不久就顯現出來。人文主義，實在講是純理主義者的動向，是文藝復興來開始歷史哲學的工作，也是它來開始偉大的科學運動。它以自然的因果律，代替中古時代聖蹟的信仰，把類似的推理，換成嚴格的歸納推理。然而路得始終是一位中古時代的人：他深信聖蹟與魔鬼，相信愚夫愚婦們所稱道的迷信；他與自然科學離得很遠，他是絕對的「非純理主義者」。並且他還認純理主義爲可厭的東西；如果他能猜想，因自然科學與唯物主義而使現代這樣發達的話。另一方面，人文主義是無神教者的新精神，因城市經濟發達而出產的新文化，注意到肉體的快樂。這種人文主義，尤其在意大利特別顯明。在那裏，文藝復興是反道德者與反宗教者的超古典時代；而德意志的自由主義者，也不過是平庸的副角而已。這種運動的哲學結果是(1)、白魯諾（註二一）的汎神論。由此觀點，人文主義也是與宗教改革的精神絕對相反。在意大利曾發生過。(2)、Savonarole（註二二）之神秘主義與 Médicis 之新汎神論的劇烈爭辯。在德意志，以路得的情形看，他完全是一個神秘家，與平民像 Savonarole 一樣，認世俗的享樂主義，與人文主義者的肉感趣味爲可恥；斯多噶主義的道德，在他看不過是精神的背叛與傲慢，既然不知道什麼叫邪惡與天佑，當然也不瞭解什麼是福音。他與 Erasme 著名的筆戰，是人文主義與宗敎改革的顯明分裂。

浮士德傳說以極明顯的態度，反映着這種文藝復興的人們的無神理想與德意志耶敎徒之神秘基督敎主義的對抗。

浮士德是對基督敎主義懷疑的純理主義之人文主義者的典型。這個典型，反映在耶敎徒的想像裏。傳說的作者敵視投機事業與享樂主義，那就是說，反對純理主義的好奇與肉感的快樂。宗敎改革者很可在魏登堡的大學生圈裏，觀察出智力的傲慢和信仰的疏懈，怎樣與魔術和神秘事物的好奇心相關聯。他們顯出一種心理現象：就是對宗敎不很信任，對科學過度的熱情，極力走向不允許的知識園地，走向黑或白的魔術，最後，走向道德的自由與變象。原始傳說裏的浮士德，就是這些純理主義者與人文主義者的魔術師之一，而爲被征服的路得信徒所寫，他想把青年放到反對時髦科學的引誘地位。

他精神演變的開始，是最純粹的正敎。他是虔誠的雙親所生，禀賦着一種溫和與活潑的精神，在魏登堡受過純正敎義的訓練，並超越他的同學們。他得到神學博士的頭銜，在他的傳統上，他的精神影響上，他的正確知識上，一點找不出他所以墮落的原由。他應該是敎會的光明與基督徒十全的模範。

但他的弱點，在智力的傲慢。他有個疏忽的「發狂的與自負的頭腦」，而他們名他爲「投機事業者」。他改變了信仰，把聖經置之高閣，而注意瀆神的科學與星術、數學、醫學、魔術，這樣，他墮落到投機事業與享樂主義的雙重邪惡，換言之，就是世俗的邪惡。由此，引出一個魔鬼。這個魔鬼的名字就是梅菲斯特。我們瞭解很清楚，浮士德想攫取「宇宙的原動力」，但他的智慧裏找不出所需的才能。於是把自己交給東方地獄公主的侍者之一梅菲斯特，來指示他所不知道的，爲交換條件，他允許二十四年後，自己就爲魔鬼所有，並背叛在世上他所過活的一切以及天神和人們（第六章）。他向梅菲斯特提出條件，他要願意知道的，不得隱藏，且不得回答一句不眞實的話（第三章）。這樣，照最古的傳說看，浮士德是一位智識好奇的犧牲者；而這好奇與宗教的信仰相水火。因知識的追求發生了錯亂情緒以致使他顚覆。

從此，在他身上可以看到一種內在的衝突，今撮要於下：智識的好奇誘導他走到道德上的放肆，一步一步順邪惡的斜坡往下走。然另一方面，他總奮鬪想遠離魔鬼，因他的深心還保留着幸福的願望。不過，他智力的傲慢，讓他太信任了他的理智與自主力能使他走到正道，太信任了地獄與天堂的靈悟，能激起他一種永福帝國的希望，和給他一種力量去脫離魔鬼。但是他自欺了。他一點不知道什麼叫邪惡，天佑，改過。因爲他追悔心不堅決，漸漸墮落到地獄。

現在順次看墮落的主要階段。

一、故事的第一部先表示浮士德怎樣由精神的放肆，走到道德的放肆。肉慾的需要在他身上覺醒了，他想在結婚上滿足。但這種願望與契約相反的，因浮士德得棄絕一切的人類。再者，結婚是一種宗教的行爲，由此種道德浮士德可以逃脫魔鬼。於是梅菲斯特就說他不能同時服事兩位主人，卽上帝與魔鬼。當浮士德強求時，他就加以威嚇；然這位卑賤的浮士德，因而他屈服到願以姘頭的方式滿足慾望。這是他走向地獄的第一步。

同時，我們看到浮士德的努力，不足以逃脫契約的束縛與魔鬼的地獄。他想在想像裏顯出墮入地獄者的永遠苦痛，與昇入天堂者的永遠的靈悟。這次的效果，他同梅菲斯特會談了很久關於地獄與天堂。魔鬼很知道浮士德發這些問題的動機，於是用不是心願的話來回答。他計算浮士德的卑賤性，不會有力量主宰其情感。他計算他的失望與信仰的薄弱，使他的邪惡太重，不能得到赦免。他總以爲浮士德要想回到良善是太晚了。實事上，浮士德是走到 Attritio（瀆神的懺悔）的地步，照天主教意思，能走到這種地步的都可永福，人只要怕地獄就能得救。然這種意見在眞正路得信徒的傳說作者看，是可卑視的，認爲這是人文主義的純理主義者的道德。要想罪人得救，必得由 Attritio 進到 Contritio（註二三），建樹在信仰上的絕對懺悔；從這內心的絕對懺悔，引他到皈依，從皈依而再轉到福地。可是浮士德不能順着這條路走。信仰使他錯誤。在他的不堅定的追悔後，魔鬼總乘機來一套詭辯，肉慾的誘惑或威嚇。魔鬼像貓玩老鼠一樣地玩弄他。傳說的作者對他並非沒有憐憫心，但事實上不得不如此，仍然證明浮士德怎樣一步深一步地墮落下去。

二、第二部告訴我們浮士德完全注意到世俗的科學，而且得到很大的成就：他是天文家，占星術家，曆書與年鑑的監製者，人生寶鑑與寓言集的作者（第十八章）。同時，魔鬼給了他充分好奇的滿足，使他走向神秘術的道路。讓他認識些地獄的主要精靈。在幻覺的旅行裏，至少在想像中，先讓他窺探地獄之後，又領他到美女世界。

三、現在浮士德變成了魔術師。傳說從各方面搜集許多故事，而浮士德在這些故事裏好像是其他一切魔術家的成功總結。順序地枚擧浮士德故事，以他受了一位老者的感動而趨向懺悔的插筆爲止（第五二章）。最末一次得救的機會臨到魔術師之前：浮士德的心充滿愁悶，就去做懺悔的擧動，精靈以背叛契約要受絞死的可怕刑罰來威嚇他，但他此次決不再受任何人的引誘。我們重新又看到一些魔術的功蹟，但故事的最高點是浮士德與希臘的海崙結合，以及他的兒子 Justus 之產生。

四、不可避免的結果，終於君臨了。我們看到浮士德作他末日的準備。聽到他訴說他的愁悶，帶苦味地憐恤他正當富有力量與生命之際，而得如是死亡。以十分悲慘的態度，敍述地獄之苦痛。繼而，臨終那幾天他在旅店對朋友的勸告，對大學生們的談話，與對觀衆的深刻印象，總以爲他又在作什麼魔術，沒想到他曾和魔鬼訂過約。卽在臨死關頭，浮士德還不能作深刻的追悔，仍存糢糊的希望，以爲肉體的犧牲可以換來靈魂的得救。他錯誤了。作者對我們講，浮士德死後，以華格納和許多人們看，他憂慮的樣子顯示出他的靈魂沒有找到安息之處。作者在他故事的結論裏，勸告基督徒的讀者說：「要畏懼上帝，要遠離魔鬼，要避免魔鬼的一切陰謀與行爲……一點也不要接近魔鬼，像浮士德那樣」。

傳說的目的很明白。浮士德絕不是偉人而敢向上帝挑戰。卽令他到輕侮宗敎的地步，仍然保守着對將來生活與永遠苦痛的信仰。這位據有智識慾與享樂慾的超人，懷着一種邪惡的意識：實際講來，這是一個懦夫與庸才，他既無力又無膽去聽從良善的「自我」而與魔鬼決裂。這是一個惡魁與悲慘的被害者。而他的可憐結果，應當在虔誠的基督教徒身上引起對知識的恣意渴望與魔鬼威力的疑懼。

浮士德傳說之得到盛大成功，可以直至十八世紀中期之許多修正本來證明。其中最重要的是浮士德故事第二部（Seconde Partie de l'histoire de Jean Faust，一五九三），Widmann（一五九九），Pfitzer，（一六七四到一七二六共出六版）以及 Croyant Chrétien（一七二五）的翻譯本。但這些改正本，並沒變更浮士德典型的主要性格。基本題旨仍是一樣，不過我們看到從十七世紀末年起，陸續地散布「光明」，於是一種新生的懷疑思想，開始攻擊浮士德傳說之根本的要旨。不信宗敎的魔術師，以往是可怕與可賤的對象，現在為大衆尊敬的東西：他僅變成了一種好奇心的目的物，一種野蠻時代遺骸，一種中世紀愚民主義者的亡魂。

四　馬盧韋的戲劇

浮士德的傳說一經傳到英國，馬上就成了一種「改編」的對象。繼而馬盧韋（Marlowe），莎士比亞前驅者裏的最天才者，在十六世紀末寫了一部浮士德博士之生與死的悲史，浮士德的典型由此大變。馬盧韋似乎是一位過度激烈的天才家。泰納描寫他有熱烈，偉大與憂鬱的精神，他是一位因過分的狂暴而奮激的反對宗教者，一位風俗與教義的叛徒，一位無信仰者。他否認上帝與基督，侮辱三位一體說，他認摩西為僞君子，他以為基督的死較 Barrabas（註二四）應該得多，且宣稱如果他，馬盧韋，創造一種宗教，一定要比基督教好些。在他的第一部劇作特木郎（Tamerlan）裏，就表現出一位雄偉的戰勝者，坐着被囚的國王們所拉的二輪車，火燒城市，淹溺婦孺，殘殺戰士。在這部劇作裏，已經沸騰着魔性的縱慾，他是一個傲慢，盲目，和好殺狂的巨人。過了屠殺的陶醉後，他甚而又來與上帝作對。他在浮士德裡有同類的性格。現在不是像傳說所表現的一位懦弱的「投機事業者」，不論在邪惡或懺悔上都屬平庸。他完全是另一種意志力，馬盧韋把他描寫成人性最壯麗的典型，他被不可抑制的知識慾，被肉體享樂的劇烈需要，尤其被無羈的意志力所推動，他飄蕩於狂妄的反基督教的虛無主義與放任悲觀主義裏。好像詩人把人生看成放縱情慾的狂暴交戰，把死亡看成因悲哀的變幻而產生的憂鬱睡眠，所以他往往想，一個超人如果浪費幾年他長遠的永福，或許最後不會走到被欺的地步。很清楚，他對強力的不道德者，有一種顯著的同情，他對毅力的發展，即令走向罪惡，感出美學的樂趣。他對他人物的判斷，很令人懷疑。他是以巨人主義雖然在美學上很有價值，但得受道德的咒罵呢？還是乾脆赦免文藝復興之無神的虛無主義呢？我們不很瞭然。有些批評家根本推翻他曾藉用德國傳說的教義與基督的源泉。馬盧韋是同樣嚴肅，在他精通文藝復興時代的人們之反道德觀裏，且他雖不相信再生之久墮地獄，像基督教所說的恐懼，但很可能他始終相信有可怕之可能性。

五　浮士德的通俗化

傳說之旁，在德意志流行一部傳說的戲劇改編本，它在十七世紀獲得可觀的成功，且在演員們的表演後，又在傀儡戲的舞臺上演。這是難答的問題，如想知道在我們所搜得的許多變化之浮士德博士的 Vlksspiel 或 Pupponsipiel 裏，傳說或馬盧韋的悲劇（被英國喜劇家在十七世紀運轉到德國），那一種供給最多的特質。可是在浮士德傳說裏顯出一種新的標記，這是的確的事實。通行的德文劇，不像在英國是天才者由古代的傳說改編，而是演員們的作品。他們照大衆趣味作投機事業，主要目的在使觀衆高興。他們重要的改革之一，就是在劇作裏引進一個喜劇人物。馬盧韋劇作裏，已經證明有小丑的角色。在德國模擬的作品裏，小丑的名字是 Pickelhäring, Hanswurst，最後是 Kaspur或 Casperle：不久，這個小丑變成主要人物，位於浮士德之旁。這種悲喜劇原素的混合，雖不無通俗的趣味，然降低了藝術價值。

十八世紀，浮士德傳說顯出衰頹的現象。傳說 Pupponsipiel 僅得到下層階級的喜悅。此時代的知識階級，對這種迷信的神話，漸漸趨於輕蔑。再者，這些著作也失了統一性與高尚性。然正在這個時候，德國文學上兩位最偉大天才家萊辛與歌德，彼此沒關係地重新施用這個被蔑視的古老題旨，且就當時改編的劇作題旨，給它參入一種嶄新與高超的生命。

六 萊辛的浮士德

萊辛是第一個決定了浮士德傳說的最後意識，隨着光明時代的來臨，這位著名魔術師不像宗教改革時代那樣的被批判。純理主義實際上放棄了前代所對知識才能的疑懼，造出科學啟示與宗教啟示的平等原則，理智與信仰之間，須得調協。「投機主義者」浮士德之墮入地獄，如十六世紀所述的，現在以十七世紀的精神看，是愚鈍的迷信產品，這種迷信將科學認成信仰的仇敵，並判它是一種可怕的力量。這種迷信萊辛向他宣了戰。他宣稱理智是人類本質，哲學是上帝愛寵，而且很靈驗地可以縮小魔鬼的領土。自由討論能引我們進步和走到良善的境地；僅只在愚昧裏的魔鬼才想像他是一種墮落的源泉。是用這種精神，他在他的未完成的劇作裏來創造浮士德之新的典型，並且他後來把草稿也毀掉了；但此種趨向是無可懷疑的。魔術師，以他的眼光看來也是科學的探討精神的擬人化，不應當不可挽回地墮落下去，更不應當供獻給地獄。他與魔鬼的遇合僅能說是魔鬼的昏愚處。這篇戲的末尾一位天使向魔鬼們高叫道：「你們不要凱歌，他們是不會戰勝人性與科學的；聖靈並沒有給人們一種最高尚的本能而使其歸入永遠的不幸。」浮士德墮入地獄的題旨，萊辛第一次反而寫成浮士德得救的原因。

七 歌德的浮士德

從多方面看來，截然相反的是歌德的見解。

狂飆運動自從歌德在斯特拉斯堡居留和他與海德相遇而加入的時候起，成了新時代反衰老主義的復活，純理主義之膚淺的見解現在變得老了，然這種純理主義雖係平庸，而實際又向平穩的路上走。再切實點講，這些狂飆運動者不願意毀滅他們先進者的功績。他們反而沒一點猶豫地整個接受純理主義在宗教、哲學、道德、教育的園地所完成的獨立工作。不過他們認爲他太懦弱，應當再前進一步。尤其：因爲太固執到理性，太固執到明確的智慧，太固執到意識的與顯亮的意志，以致有許多的直覺，都多少把人類靈魂之非純理的與半意識的原素混到一起，結果，感情、熱情、創造的想像，宗教的本能都被犧牲，人類天性的完整性也受到威脅，組合靈魂之調協的平衡的原素，也被打破。這樣，在分解運動之在宗教與知識之間，人類的純理性部分與反理性部分之間引入一種擴張的現象後，繼之以綜合運動：人們呼吸於被靈魂意識的原素之過分的進展所毀滅的「人性」完整之復活，被不公正地壓迫與誤解之反理性的與無意識的權勢之再興的空氣裏。這些狂飆運動者，新的「人文主義」之最先的戰士們，從此而後與理智之固執的和暴虐的文化相反，而趨於個人的天才，人性全部之強力的本能，狂熱的善感，驚奇的熱情的文化。此種文化與謹愼的經驗派，大學智慧之多烘的與抽象的文化相對立。他頌揚熱情的直覺與理智的探討，他希冀着認識主動的完整的大宇宙（Cosmos），並且創述一種自然的哲理。這種哲理在宇宙裏到處瞧到非意識的精神，並且發現自然的力量是些隱匿的意志之官能，而且到處顯示出意識與非意識的秘密關係。以宗教的觀點講，他們與純理主義之自然神教及其因崇拜自然上帝之神秘的汎神論而產生之平凡的道德觀相對敵，他們誹謗中世紀，說他是愚民的與野蠻的時代；但他們稱讚他的自然的，與生動的詩歌，他的個人的實踐主義與宗教的嚴肅精神。在藝術的園地裏，他們攻擊純理主義把藝術當成一種人們熟思的與意識的技巧之產品，他們以爲藝術天才之主要的原素一點也不在技巧的認識和順着法則的觀察，而在創造的想像和天賦的熱情。

不成問題，歌德知道 Croyant Chrétien 和 Pfitzer 所寫關於浮士德的傳說；也是不成問題，他在法蘭克府，在萊普錫，在斯特拉斯堡，曾經有機會看過戲劇化的浮士德之排演，這排演或許是劇團的或許是傀儡舞臺的。可巧有人保存一張一七六八年在法蘭克府排演的浮士德戲目(Fausts Piele)，並且我們還知道一七七〇年在斯特拉斯堡 Tllgner 劇團上演浮士德的時候，那時歌德正在此地。另一方面，一七六九年在法蘭克府歌德與巴拉賽爾士來往很密，他曾讀過自然的哲學，十六、十七與十八世紀從 Basile Valentin van Helmont 或 Welling 到 Josb Boehme 或 Swedenborg 的鍊丹書，神秘學與通神論。古老的魔術師之形象這樣地樹植在他的想像裏；經過傳說的通俗與傀儡戲的平庸，他變成一種強力的與奇異的人物之偉大與詩歌，並且我們知道把超人的天才理想具體化到浮士德身上這種思想的萌芽是起於他同時代的人們。他以巨人的特性來描寫他，這位巨人因爲對於乾枯與死亡的科學不滿意，於是走到人生，走到自然的引意知識，走到放肆的與無限的享樂，他爲反抗他的時代之膚淺的智慧，爲逃避粗俗與痲木的生存之可怕起見，他與魔鬼訂約，大膽地在魔鬼領導之下挺入世界，但是這位被嚴酷的耶教主義所誹謗與判入地獄的巨人，新的時代赦免了他並使他光榮。萊辛把他當成知識的英雄。歌德不僅只把他當成一位尋求眞理的學者，且把他寫成一位天才的超人，用着他所有的力量同時在科學與生活裏活動着。歌德想在他身上總結着整個人類的快樂與苦痛。

第三章　原始的浮士德

一　浮士德初稿

當一七七五年十一月歌德到魏瑪的時候，隨身帶着一部未完成的浮士德，從這時候起它成了歌德最偉大的作品之一。這個月底他曾經在宮庭裏 Amelie 與 Louise 公爵夫人之前誦讀此部斷片，她們很受感動。據 Wieland Einsiedel、莎爾奧古斯特所講，他還另外在魏瑪的各種環境下舉行過數次誦讀，時而在宮庭，時而在海兒特家裏。然歌德停止了此書的寫作，雖說很引起讀者的趣味。幾年後在意大利他所携帶的這部原稿，變成發黃，古舊，四邊捲起，在他看來好像是一種時代已經很久遠的有味回憶。

這部手稿幾年後莫明其妙地遺失了。遺失得沒一點踪影。照着石密特的揣測，無疑地是被詩人燒掉。一八八五年當「歌德文獻館」開幕的時候，似乎對於浮士德原稿的尋找是絕了望。是在這種環境之下，一八八七的開頭，陸軍中佐 Von Gochhausen 允准 Sophie de Saxe 大公爵夫人的一位使臣來研究他從祖姑母，以前 Amelie 公爵夫人宮庭的貴夫人葛好森小姐 Louise van Gochhausen 處所承繼的文件。在一部四開本名爲 Auszuge Abschriften und dergleichen. Aus den Nachlass der Frl. L. V. G. 石密特在雜亂的抄本或各種趣味之片斷的引證裏，發現一種原始浮士德之完整的謄正本。這位公爵夫人，曾親臨過歌德到魏瑪時所擧行的浮士德誦讀會，向詩人請求謄抄這部斷片的許可，這部斷片不成問題是手稿的原形，或歌德爲誦讀起見而準備的原稿。這樣地，我們雖沒有眞正的原稿，現在至少保留一部原始浮士德正確的抄本。這部作品最先在魏瑪的全集（第十四册）版再印，石密特又把它改成單行本（Goethes Faust in ursprunglicher Gersalt，魏瑪，一八八七），繼而又有許多的版本，尤其是在 Jubile' 或 Witkowski 所刊的版裏。

然葛好森小姐的抄本與一七七五年曾經存在過的浮士德的斷片完全相同麼?這個不敢一定。我們現在保存有兩頁「先魏瑪」的浮士德。一頁就是浮士德初稿裏題名爲 Land Strasse（石密特版頁三十一）。但是另一頁（「棄稿叢刊」Paralipomena, No 54 以後）在葛好森小姐的抄本找不到。所以我們不能不猜想有些草稿，有些劇景的斷片歌德曾經加入到原稿而她沒有抄寫。現在剩下的問題就是要知道有幾部分我們僅只由一七九〇年的斷片或一八〇八年的全文才能認識的浮士德是不是在原稿裏存在過，例如訂約一景的末尾（一七七〇詩句以後），市門之外一景有幾句，或許在「棄稿叢刊」裏也還有幾句。

二 浮士德的萌芽

從我們所能找到的材料裏，先敍一下原始浮士德的萌芽。

什麼時候在歌德的腦子裏確定要寫浮士德這個題目，我們不知道。但是不成問題，歌德從他的童年起就看見浮士德的傳說，或是由傀儡戲的形式，或是由傳說的形象。從許多不很簡明，然却很符合的證據看來，似乎指定一七六九年是浮士德這個題目在歌德的想像裏發生萌芽的日期。在「詩與眞」裏，歌德敍述些少年時代直接與浮士德萌芽有關的故事：如誦讀 Volksbucher，如法蘭克府之格萊卿的故事，如萊普錫大學青年學生們的欺騙行為，如在法蘭克府雙親家裏的亭子間上關於鍊金術的研究。這些情景顯然地是將來懷胎浮士德的預備。在斯特拉斯堡的時候（一七七〇——七一），浮士德這個題目雖說在他的思想裏已經激起了熱情和有了大體的形象，然而尚未開始動筆。「詩與眞」裏有一段文字告訴我們這種內部的工作怎樣在他的深心裏完成，傀儡戲之神話的意義怎樣在他的精神上引起各種的反響：「我也是曾經在一切知識的園地裏飄泊過，並且在很早的期間就被引導到認識世俗的虛榮。在生活裏我也作過各色各樣的嘗試，然每次的結果都是使我更進一步的不滿意與苦惱。這些以及另外許多的事物，我把他們帶在我的身上，在我孤獨的時候就把他們當成我的安慰品，但總沒動筆寫。我對赫特爾較對其他的人們更要嚴密地保守我之神秘的與通神的鍊丹術，關於這些事情，我很喜歡獨自在背地裏摸索」。浮士德與葛玆是同一時期在歌德腦裏成形，他這個時候想在古時的德國找出一位典型的代表情趣。他在浮士德身上發現一種詩意的形象，可以把他的認識慾與享樂慾的心願具體化。

當他回到法蘭克府和在達爾摩斯塔或威日拉居留的期間，我們得不到一點確實的指示使我們斷定書寫的工作已經開始。雖說「詩與眞」裏的一段明明講，「浮士德已經很有進展」，並且似乎指歌德從一七七二年四月在達爾摩斯塔逗留的時候，在那裏的文藝社會開過誦讀會，然找不到一點同時代人的記錄來證實這種斷言。到一七七三年就有少而確切的證據——一句 Gotte 的話，一段艾克曼的文字，幾行給策爾忒或莎爾奥古斯特的信——指出歌德要從事寫作。在一七七四年，我們有浮士德已經開始的鐵證。這一年的夏季，赫特爾完成他的研究 Aelteste Urkunde des Mencchengeschlechts 第一部，由此而引起浮士德的獨白。夏季完了，這部劇作已經有相當眉目。當歌德居留於法蘭克府的時候，（九月底）似乎在克洛卜斯托克誦讀過他的作品。Boie 一天同歌德會面後，在他的日記裏寫浮士德「幾乎完成」。十二月克內柏爾陪伴魏瑪的太子們到法蘭克府時，很驚異地看着歌德「的房子裏四處都是稿本」，尤其看浮士德最美妙的片斷。一七七五年的開頭，照着雅科俾（J. Jacobi）的證明，幾乎浮士德的整部像一七九〇斷片裏所包含的似乎已經完全告成。

一七七五年，歌德的熱情全部用到 Lili Schonemann 和瑞士的旅行，對於他的戲劇並沒大的增加。在這個時候，我們知道他把他的馬格里特的悲劇這段結構和結局寄給 Heinrich Leopoid Wagner，而這位欺騙者根據這種材料模擬了一部作品殺嬰報（Infanticide）。他在九月末一個星期訪拜 Zimmermann 大夫的時候，曾誦讀過他的劇作，不久又向麥克（Merck）誦讀過，引起了極端的讚美。秋季他的作品又增加一點。九月十七日寫給 Stolberg 公爵夫人的信裏，他宣稱他完結了浮士德的一景，並且插入了一段「老鼠歌」，由此我們可知「奧愛爾伯哈地下酒肆」是這個期間寫的。此時他又修正了幾景馬格里特的悲劇。他給麥克的一封信裏告訴我們他利用着未離開魏瑪前幾天之強迫幽居，在浮士德上增添許多材料。十月三十日當他要離開家鄉的時候，他的悲劇進展得眼看就要出版的地步，並且人們開始來討論印行的事情。米留書店對麥克講，怕歌德成名後索價太高。在麥克一方面，他勸告柏林大出版家尼可拉要注意歌德之偉大的價值。Zimmermann 給他書店的朋友去了兩次勸告，要設法得到這部動人的新書之出版權。

浮士德初稿包含有定稿的三分之一：他其實只有一四三五句，而全稿則有四六一二句。他很顯明地是一種斷片，或更精確點講是些不連結的繪畫，尚未結成一種連續的動作。詩人很快地把在他想像裏成形的東西寫出，以備後來再詳細的修正與連結。這些斷片包含着浮士德的獨白，地靈的顯現和與華格納的對話，繼而兩景諷刺，即梅菲斯特菲爾與學生的談話和奧愛爾伯哈地下酒肆，再後是關於馬格里特的各種幕景。現分論於下。

三 獨白

在馬盧韋的戲劇與在傀儡戲裏，動作的進展是用一種獨白，那裏浮士德表白自己對於神學與科學的厭惡，而決計要走向魔術。很自然地歌德借用這種傳統的辦法，因他參入個人的韻調於抒情的氣度而變更了整個的面目。浮士德現在不是一位如通俗傳說講的「投機事業者」，他之所以捨棄科學因爲科學不能供給他的需要，所以投向魔鬼，因爲魔鬼能給他肉慾上的滿足。這是現代的巨人，他對大學教育所授之抽象的、書本的與無生氣的知識深致不滿，於是像赫特爾和「狂飈運動」一樣，不在博學裏面尋求而向一種引意的科學，這種引意的科學可以給他解釋生活的秘密，可以使他深入人類與事物的精髓，可以給他聞出自然構造之最精細處。是失望與思歸的懷疑症使他有對已往的藐視，對現在的厭倦，對將來的懼怕，並且深知他的生存之空虛，令他對於活的知識之異常的渴望，因而捨棄科學趨向魔術，並且拋掉冷枯的理智的虐待，投入情感，投入熱情，投入生活與行爲。

四 地靈

從此，歌德離開傳統的園地而走向自由的想像。傳說裏讓浮士德之喚來魔鬼是爲供給他一種力量，但現在的浮士德是諾斯特拉達姆斯（註二五）與巴拉塞爾斯的弟子，翻開一部魔術的書，想在那裏找出他所處的宇宙之神秘。他的眼最先停到大宇宙的符，世界的精靈；由於這個符的魔術效力，他用靈眼看到的不是符的本身而是富有意義的事物，即創造力的本質。他一眼看盡了宇宙之美妙的法則，這個法則是由文藝復興鍊丹的人們之詩意的想像裏構成的。但這種靈悟在他也不過是一種單純的意象而已。他並不是一種實在，他並不參預自然的豐富的人生；他離他很遠；祇可思索而不能實際生存。他不耐煩地翻着書，是這個時候地靈的符（Erdgeist）顯現在他的面前。

第一要問的，什麼叫做地靈？文藝復興的鍊丹者與通神論的人們主張在一切的星宿裏，地球也在內，有一種精神——巴拉塞爾斯或 Basile（註二六），Valentin（註二七）稱之謂 Archeus terrae，白魯諾稱之謂 Anima terrae——是地上存在的各種事物之基本的元素，照着需要的儀式，魔術師可以把他召來輔助某種法規的實施。不成問題，歌德的觀念是由此而起，並且我們還可以講他的地靈的描寫是從巴拉塞爾斯、白魯諾或斯威敦保（註二八）引證得來，這樣，我們在地靈的顯現裏有一景十七世紀的通神論之鍊丹者召喚地靈的白魔術。現在再進而試述這一景裏歌德的眞正意思。

「以我們看來浮士德是魔術師。但在一位十八世紀的狂飇運動者看來，魔術師是什麼呢？魔術師是智者變成的預言家，是知識界的選民，他在超越神秘的頓悟景況裏，暫時地昇到與神靈同化而在這種地步施用其所有的能力；是一種有限的精神暫以出神入化的法術與無限的精神聯合，短時間的嘗一嘗據有與上帝同樣感觸的廣大的快活。」

浮士德顯現的是那一種神靈？所有的註釋者都努力以極精確的公式來給這種精靈的本質下定義。但我們以爲在「棄稿叢刊一」裏歌德已經講明白地靈就是「宇宙與行爲的精神」。但這種精神是邪魔的還是神聖的呢？我絕不敢認爲像有幾位注釋者如 Vilmar, Marbach 或 Rieger 說地靈是撒旦的使臣，而浮士德之所以讓他顯現是爲完成遠離上帝的決絕舉動。這種假設由於極端的似是而非的根據而來，就好像是地靈把梅菲斯特交給浮士德作爲他的同伴。然此種論證是不正確的，因爲天上序曲裏，上帝自己也曾把浮士德在這個地上交給梅菲斯特。退而言之，即令眞是地靈把梅菲斯特遣給浮士德，然我們也不能將僕人與主人混爲一談。浮士德不但止在第一次的「獨白」裏對地靈這樣的崇拜，在「森林和洞窟」裏也是如此，所以我們很難把他認爲是一種邪惡的造物主。我們總相信地靈與大宇宙(Macrocosme)一樣，都是「自然上帝」之一而歌德尊之爲一切之永遠原素的。我剛纔講過，地靈的出現既不是不正當的魔術行爲，也不是反叛上帝之舉動，而是有限的造物一時間在心靈裏與新的上帝同化時所感出之熱情的、苦痛的與力量缺乏的興奮。

使地靈顯現之最難解決的問題，就是在戲劇的結構上歌德指給他的是那一種脚色。浮士德初稿對於這一點完全令人莫明其妙。是不是地靈把梅菲斯特遣給浮士德爲的是作「陰暗的日子」一景的準備？可是沒有東西能給我們保證浮士德不是自誤。總之，不論在浮士德初稿或後來的定稿都沒有再來說明這個謎語。於是批評家們作了種種的假設來代替詩人的意思；其中最有見地的係

Kuno Fischer 的，將來我再講。現在我只能說，倘若歌德當初寫作他戲劇的動機時有一種清楚與確切的觀念的話，然沒有一種明文，沒有一種確實的指示讓我們作根據來猜度他之原始的意向。

地靈顯現以給浮士德一種異常的悵惘作結束。他的熱情的呼喚暫時地把卓越的神靈誘到跟前：他瞬間有一種美妙的頓悟，那裏他自覺與上帝同類。但這種頓悟只是瞬間的，地靈並沒有被強佔，他說過：「你近似你所理解的精靈，却不和我相近」後，就同這位自以爲與精靈相似的超人隔絕，浮士德意識到想超越自己環境的不可能，於是沉入深刻的失望：他苦痛地覺着一種不能制勝的障礙，這種障礙隔離了人與上帝，有限的造物與無限的生靈，換個樣子講，就是在人類個體之有限的與微小的經驗和地上天才家之普遍的經驗之間有一種非常的殊異。但人們要問此次地靈的拒絕是不是絕對的與永遠的，如果浮士德的失敗是暫時的話，那末，這次失敗應當認爲是精靈給這位冒昧的魔術師之欲頃刻獲得眞理的責罰。人們引證浮士德後來在「森林與洞窟」一景裏宣稱的，卓越的精靈允許他「照觀它的深秘的胸臆，宛如觀看知己的心胸似地」。但當浮士德專心默索自然的時候，他並沒有野心想突然一下瞭解地靈的整個，他是間接地由虔誠的研究。由經過創造底宇宙來認識上帝和當面認識上帝不是一回事。這種人類與上帝之直接的靈悟是禁止的。

五　與華格納的談話

瞬間的幻覺以後又回到實際的人生，浮士德突然現在他的助手華格納之前。

華格納這個人物和名字均屬於傳說上的，歌德藉助於傳統地方的只有這一點。華格納被描寫成一種學者之不朽的典型，他在這種為浮士德所厭惡與藐視的科學裏找到十足的滿意。在他身上具體化了這種多烘的氣質，這種平淡無味的乾燥，這種稚氣的純理主義者的特性，這種寡味地關於瑣事的探討。此類人在大學裏處處和時時都可拙得到，而為哈曼、赫爾特以及「狂飇運動」整個時代的人們所最喜歡諷刺的對象。這樣，浮士德與華格納好像是天才家與工匠，智者與村學究，知識界的英雄與持理背謬的博學者，大膽的創造家與耐性的編纂者的對照。但歌德這幅繪畫之最妙的地方是既沒有把它寫成謗書，又沒有把它繪成漫畫。以一種可口的筆意把華格納寫成一位庸夫，他不瞭解什麼叫自然，什麼叫藝術，什麼叫生活，什麼叫歷史，但是一位對科學有着虔誠，對古代有着熱情的勇夫，謙遜地侍奉着浮士德，並且對自己平庸的工作很覺超越與滿意。我們不能講歌德之對待浮士德與華格納是大公無私的，尤其在正寫浮士德初稿的時候；他是站在浮士德這一方面，所以頌揚巨人主義，反對華格納，所以加重了華格納的中庸與愚笨。他們兩個裏有一種種類與品級的差異：前者是屬於高超的人性，後者屬於平凡的人類。至少歌德並沒藐視華格納的意思，他很能保持公平的態度，為的是不至否認那般在科學上勤勞的人們應有的美德。

六　梅菲斯特與學生

在浮士德初稿裏浮士德與華格納的對話之後，直接繼續的一景是「梅菲斯特與學生」。從那裏來的梅菲斯特，詩人沒有明講；我們也不知道他已往是否曾經與浮士德發生過關係；並且也沒有指明他裝扮的人物是浮士德：僅僅在佈景說明上告訴我們他穿着「紅的睡衣和帶着大的僞髮」。

這一景的用意，很明白，在傳說上是找不到一點根據的。照着「棄稿叢刊一」的綱領，華格納他具體化了「對於科學的冰冷願望」後，以「他對知識之熱烈的與混雜的願望」，以他的童心，他對師長之無限的尊敬，他對生活之本質與快活的興奮，歌德給我們表現了一種大學生裏之另一類的典型。如果我們願意的話，這是一幅少年浮士德之可喜的漫畫，尤其是在萊普錫或斯特拉斯堡之少年歌德的形象。他研讀所有的課程，模仿師長們的言談，譏笑 Gottsched（註二九）的假髮，對教授們極端忠誠地欽佩；另一方面作些快活的戀愛與吹噓些自己的情人。向這位天眞的閱歷缺乏的少年問話的，歌德找出梅菲斯特。他穿着教授的服飾，像貓玩老鼠一樣地來玩弄他的對方。他面對面給這位少年展開他的實用的智慧，他的惡意的諷刺，他的奸惡的邪行，他的卓絕的精神，他用一種最平庸與通俗的方法來給他說明學院的生活。爲的要使這個學生失去對眞理的訓練與渴望之無益的心願，他努力把他推到肉感的快樂與效果的尋求。生動與複雜的人物，梅菲斯特時而以邪惡的魔鬼顯現，不誠實，僞君子，詭辯家，科學的藐視者，僅祇看到人性之卑賤的與粗俗的享樂慾；時而以見地高超的批評家形象顯現，此種形象，由他對於空虛的藝術之急於想打倒，由於對大學課程之懷疑的態度，由於他在灰色的學理與乾涸的探索之上加以「生命的金樹」，很與歌德或他的朋友 Merck 相近似。

在浮士德初稿裏，這一景共分兩部，第一部是對學生們之傳統上的仇敵，如教授，店主，收稅官與裁縫匠的諷刺，梅非斯特之最著名的結論是：「把你們的錢袋預備得滿滿的，雖可不借給你的朋友，然可不要忘記得適宜地付給店主，裁縫匠與教授」。社會的環境引起歌德快活的滑稽劇之成分多於莊嚴的戲劇。然他已經超越了這類滑稽劇，極力想把他的浮士德往嚴肅的地步作。但這一部的詼諧趣味這樣地濃厚，我們常想是不是與整部的浮士德相調協。我們知道在定稿裏，歌德已經把這一段去掉，寫的固然好，不過太有點下流的滑稽。

另一方面，他可是保留並且伸長了這一景的第二部，那裏梅非斯特在驚呆的學生之前批評大學的課程。

在浮士德初稿裏，學生已經選定他要專心致志的特殊學科；他想成一個醫生，但另外還想研究一下自然和瞭解一下全體的科學。在這種情形之下，梅非斯特一方面指點他學邏輯學與形而上學，這樣他可深切地明瞭浮華的世界，另一方面告訴他醫學一點也不是科學，而是行使自然的技術，換言之，就是入世的技術，尤其親近女人們的技術。在「浮士德片斷」裏這位學生尚未選定任何的職業，僅僅有一種想獲得一切文化的願望。當時魔鬼給他講述四個學系所授的課程概要：哲學（邏輯與形而上學）、法律、神學與在浮士德初稿裏的醫學。他的戰術總是一樣的。第一先打破這位學生之對眞理無私心的熱情，繼而他一面講明大學所授的東西之絕對的無用，另一方面，在認識一切的少壯熱狂一旁，他詳釋享樂的需要與物質的勝利。

這次的談話以向學生的紀念冊上寫創世紀之辭句爲止：「爾等其將如神，善惡皆能知悉」。繼而他又獨語道：「你儘可依照古語和我的親族蛇的言語去做，你定將有一天因爲你如神而憂慮」。人們經過很久以來就論辯這個結論的眞正意義。我的解釋是這樣的：這個學生當時還是一位質樸的人，他尙未嘗過科學樹的果實，上帝的兒童他很與自然協和，同上帝與同他自己生活着：他準備入大學，爲的在那裏可以獲得科學，照着蛇的允許，科學應當把人歸還到與上帝一樣；魔鬼預先給他講明他將要在他所走的道路上找到憂苦，並且以一種魔鬼式的冷笑來給他述說這種同上帝一樣的熱狂一定要失敗，而此熱狂祇能使可憐的人類更加重他的悽慘。

七　萊普錫的奧愛爾伯哈地下酒肆

這一景直接繼在「學生」一景之後，他有在古代傳說上的淵源而供給浮士德一些關於酒的偉蹟：一、他以幻術的技巧曾經騎過滿盛着酒的桶子，使造桶的學徒不得不從酒肆的地窟跑到街上；二、一位魔術師，後來證明就是浮士德，曾經以魔法讓葡萄藤滿載着葡萄，他叫他的客人們用刀放在葡萄柄上，然不等他發出命令不要剪斷，繼而他離開原地；等他回來的時候，所有客人們的刀子不是對着葡萄柄，而是對着他們自己的鼻子；三、浮士德用一種魔法供給他的客人們酒吃：他用錐子向桌子上鑽了四個洞，其口以木塞塞住，拿着酒杯等候，去掉木塞的時候，從桌裏流出四種不同的酒，和從四隻酒桶裡流出的一樣。歌德把這三種傳說連合起來作爲他這一景的大意。再加上他自己的學生生活，尤其在基森所得的印象，那裏的學生生活異常粗野，引起歌德的朋友麥克極端的反對。

這一景與浮士德劇情的演進沒大關係。在浮士德初稿裏，歌德是照着傳說而寫的浮士德，所以顯出一些魔術的粗俗性。然而從這裏正可以看出歌德所認爲的浮士德的心理。已經在浮士德初稿裏浮士德的魔性完全與一般變戲法者的魔術不同，他沒有超特的能力。他也一樣是通常的人。僅僅是藉着梅菲斯特的幫助他纔能坐着外套或騎着魔馬在天空飛行，纔能得到珠寶的箱子而使格萊卿暈眩，或讓馬爾格里特的獄吏睡着。自從他對浮士德有一種有意識的思想後，歌德就把這種要不得的地方去掉，並且他在一七九〇年爲「斷片」而修改「酒肆」這一景時，他以一種冷淡的厭惡的筆調來重述梅菲斯特之一切魔術的演奏。

再由浮士德內心演進上來看，這一景也沒多大的重要性。當然，人們可以講梅菲斯特的程序單是讓浮士德「從小的經過而到大的世界」，所以現在先把「小的世界」展到他的面前，由此讓他認識無聊、卑劣與獸性。但浮士德，他是大學的教授，當然曉得學生們的習慣。奧愛爾伯哈酒肆的酒福引不起他一點新的啟示，並且也不會留給他一點誘惑性。從心理的演化而論，酒福並未顯出任何的結果。

「酒肆」這一景也不過是由前數景所引出的關於大學生活之一章新的描寫。在敍述多烘先生與天眞的學生之後，歌德很快活地以大膽的寫實主義與諧謔情趣描繪一幅大學生生活之明媚的畫。在浮士德初稿裏，這一景是用散文與韻文混雜着寫。在一七九〇年的「斷片」裏，歌德從頭到尾改成美妙的熟練的韻文，減輕一些生硬的表現，使這一段與其他部分調協，然一點也不損及他原有的韻致與他愉快的本質。

八 馬格里特的悲劇

大學生活的劇景之後，直接繼以「浮士德與格萊卿」之不朽的戀愛悲劇；而這個悲劇在古代傳說裏是沒有的。歌德僅在 Pfitzer 與 Croyant Chrétien 的故事裏找到一點乾燥無味的指示，說是浮士德想背叛契約而要娶一位商人家年輕美麗的姑娘；可是梅菲斯特打消了這個企圖，爲補償起見，拿希臘的海崙做他的姘婦。主要的還是歌德從他自己的腦海裡來創造這部如是單純，又如是動人的戀愛劇。

要想知道這一段裏那些地方是「自訴」，這得探討到少年歌德之全部的戀愛生活。此事我們這裏作不到，並且也沒有作的必要，因爲不是照着實在的人來描繪格萊卿的形象。歌德並不是由某某一段戀愛的經驗與會來創造這個人物。很難確切地講那裏是屬法蘭克府的格萊卿，那裏是屬 Frederique Brion，那裏是屬 Lote Buff 或 Lili Schonemann。當然，歌德自己也未曾嘗試過一種引誘者的心情，把一位好人家的少女引到罪惡。毒死她的母親，鬪殺她的哥哥，並且畏怯地捨棄了他的已經變成母親的被害者。他的馬格里特不是一幅個人的肖像，不是照着自然繪成的。這是一個樸素的與天眞的單戀女的理想典型，而常在壯年歌德的幻夢裏廻旋着，這個古典的與典型的格萊卿之形象是由許多現實裏組合的。不忠誠的情人與被棄的少女之悲劇，不成問題從他遺棄 Frederique Brion 時候起，就在他的想像裏發了萌芽，他自己也曾懺悔過這種辜負的行爲實是一種罪惡。在「葛兹」與「克拉維果」（Clavigo）裏，他已經描寫過這樣的題旨。在維特裏也有一段敍述一位出身微賤的少女抵當不住自己愛人的引誘，於是把自己獻給他，後來被棄而終於自殺。這個人物的心理很顯明地與馬格里特的相似。

格萊卿這個典型不但對歌德熟習，對他的整個時代也熟習。「狂飈運動」時代不祇對被棄的婦女，且對殺害嬰孩的問題也熱情。古代的法令對於殺害嬰孩的罪過非常嚴厲，要處之以死刑，罪人要被活埋，串殺或至少也要斬首。很早大衆的輿論就反對這種非人道的習慣。許許多多論文常用法學的眼光來討論這個問題。以一般的心理看來，人們對於這種被棄的生過兒子的姑娘並不認爲是了不得的罪過，僅以爲是被過度的煩悶所迷誤的可憐蟲而已。「狂飈運動」的作家們最喜歡用這個被誘的少女或殺嬰孩兒做爲戲劇上的題旨，當浮士德初稿在進展的這幾年內，其中最著名的一部劇作就是歌德的朋友 Heinrich Leopold Wagner所寫的 Kindesmorderin。

歌德一點也不參加任何道德的和社會的偏見，以純藝術家的態度來處理這個題目，其唯一的目的就在心理的眞相與力量的表現。

他的戲劇，因爲要保守自由與沒有演出的麻煩，顯不出一種規則的與連繼的動作，而是一串分離的與重要性十分不等的十六幅畫，每幅畫都有他自己存在的必要。他們有機地連貫着，詩人用一種驚人的乾脆表現法與生活和情緒的極端強度顯示出奇蹟。沒有明確的計劃，沒有結構上的起承。讀者應當藉想像來瞭解景與景之間的過脚。他一點也不與普通的戲劇相似。然像靈蹟一樣，從全體看來他是一部異常完整的戲劇，處處都是密切地連繫着，並且不缺乏任何主要的原素。

頭三幕（街道，夕暮，散步）造成了陰謀。這就是浮士德與馬格里特之偶然的遇會，浮士德突然的慾望，梅菲斯特設立的圈套，珠寶箱之安置到馬格里特的房間，繼而牧師的巧騙和更貴重的珠寶箱之交付。

其次的四幕（鄰婦的家，浮士德與梅菲斯特，庭園，園亭）與頭三幕僅僅隔着一個短短的時間（祇有幾天，如果我們願意這樣講的話），描寫到梅菲斯特之找瑪爾特夫人，梅菲斯特獻給浮士德的計劃之談話，與約會的安排，最後，同一晚上浮士德和馬格里特之抒情的愛，與魔鬼和撮合人之對口的滑稽。兩位情人分離時都很希望卽刻地再會。

繼而，幾段抒情的簡短的間隔，那裏表現着生動的等候與馬格里特在紡車旁的憂慮（格萊卿的居室）以後，就是戲劇的最高點：兩位情人的重新再會，浮士德與格萊卿關於宗教的談話，浮士德之汎神意味的信仰，最後，馬格里特的整個獻給：她把她的住室鑰匙交給浮士德，並爲安全他們的秘密幸福計，她接受使她母親安眠的痲醉藥（馬爾特的庭園）。

一失足，其結果必嚴厲地來臨。然到現在爲止劇情是順次進展；可是以後詩人就用很快的速度，來顯示這位墮落的少女走向苦痛道路的次第階層。僅僅用一些隱語指示前後故事的關連，詩人讓讀者藉想像來塡補敍述上的脫落。第一、就是井邊一景（井邊），那裏兩位汲水的少女愉快地談到關於一個不謹愼的少女之流言與誹謗，而使馬格里特沉思與憂鬱。其次向苦痛聖母的祈願（城牆內側的小路）給我們表現出這位不幸者之深刻的憂慮，一方面怕被愛人遺棄，另一方面她的錯誤的疚心，加以羞恥與死亡的恐嚇，於是失望地懇求聖母的救援！繼而教堂的一景（寺院）在浮士德初稿裏還有一個小標題叫：「格萊卿母親的喪儀」。從這個簡短的指示再加以「牢獄」一景的隱語（Sie sollt schlafen dass wir Konnten Wachen und uns freuen beysammen），很明白地使我們推想出她的母親之死是由於浮士德所給她的痲醉藥。另外還有一句簡短曖昧的隱語（Schlagt da nicht quillend schon, Brandschadue malgeburt!）使我們知道格萊卿戰慄着把兒子藏在自己的懷裏，怕的是受社會的恥辱。受良心的責備與受惡魔的威嚇，這位不幸的少女沉沒到極悽慘的地步。她的阿哥華倫亭的干涉更使她的不幸達到極點：關於他的妹妹之壞的風聲，以致浮士德與梅菲斯特在格萊卿窗前彈琴的當兒，激起他的仇恨而與他們決鬪，結果他中了不治之傷，臨死的時候，在圍聚的四鄰前他宣布了他妹妹的罪過。浮士德初稿還有一景（華倫亭的獨白與浮士德和梅菲斯特的對話）的題目是 Nacht, Vor Gretgens Haus：但在「牢獄」一景裏的隱語（Deine Hand Beinrich!-Sie ist feucht-Wische sie ab ich bitte dich! Es ist Blut dran-Stecke den Degen ein!）證明歌德已經孕育了在定稿裏所要寫的一景。

在華倫亭的死與結局之間還有一個新的脫漏。刺死華倫亭之後浮士德必得離開此地。魔鬼讓他沉入愚笨的享樂的漩渦裏，並且不讓他曉得格萊卿生孩子的當天就把小孩子在池裏溺死，繼而她私逃與在曠野飄蕩，她後被拘捕，關到監牢定罪。這些事情我們僅僅由迅速的隱語裏窺出。反之，詩人在用喘急的與支離滅裂的散文所寫的三幅嚴格自然的繪畫裏（陰暗的日子，原野；夜，曠野；牢獄），告訴我們一切生動的情緒，如浮士德與梅非斯特間之可怕的辯白，浮士德的狂亂與他的同伴之讓他們騎着魔馬，最後在監牢裏浮士德與格萊卿間之高尚的談話，以及格萊卿之懺悔她的罪過而拒絕了她的情人對自己的營救。

現在來試述一下這段的意義，因爲此段在定稿裏並沒有多大的改正。爲易於檢討起見，順次地由作品的三個主要人物，格萊卿、浮士德、梅非斯特的觀點做引線。

歌德的格萊卿，在我們看來是一種通常的理想化的意象，在她身上看出是一位質樸的與純潔的「自然的產兒」，一位人類風俗上與法律上的無辜被害者。但這不是歌德的看法與批判法。她不是庶民而是一個純樸的中產階級的少女，她生於小城鎮，受嚴厲與吝嗇的母親（作抵押事業的女人）監督，然後很能適應這種思想狹隘的環境。這是一位美麗、勤謹，兩手粗糙，柔順之中而帶妖艷的姑娘，她很會服從周圍的習慣與道德，以及教理問答式的宗教信仰，在這種中庸、質樸與純潔的環境中生長的她之所以特殊的，是由於她「異常地接近自然」：她並不是一個德國小城鎮之偏見與習俗的俘虜，同時她也極自然地聽從着純潔的與正直的本性；而這種本性使她興奮，使她走向天然法則之路。引出這個悲劇而使她成爲可憐被害者的，是在浮士德的愛之前她得服從兩種法律，習慣的與本性的，以致產生衝突的現象。她很淸楚要是聽從一位漂亮紳士的情話，她要苦痛，她要觸犯她所眞誠尊敬的而且認爲是神聖的社會法律：一位溫柔的姑娘不應當把自己捨給比自己地位高的情人，並且她根本也沒有想到自己可以變爲合法的妻子。但她被事實所誤，就是她覺得在浮士德的心裏不僅止是慾望，暫時的喜愛，而是眞正的嚴肅的愛情，永遠無窮的愛情。在這種「眞正的」愛情之前，她失了抵抗力，她的本性使她放心，她的本性對她說愛情的法律較社會的法律一樣也是神聖的，並且是「自然」之無上法令。她在她的整個心靈之命定的與天然的興奮裏，沒有抵抗沒有計較，但並非沒有憂慮地服從了他。當浮士德向她要她的住室的鑰匙和給她爲使她母親安眠的痲醉藥時，她一點也沒有想到廉恥，一點也沒有想到拒絕，只以這樣簡單的幾個字允諾說：「我已經爲你做了許多事情，幾乎再沒有什麼餘下可以爲你做的」。我們看得很明白，在這種迅速的接受裏，詩人並瞧不出她有什麼弱點，他反而尊敬格萊卿有「她的愛情的勇敢」，絕不計較將來的結果而一直走自己稟性的極端，旣不打算又不思索而自棄到她的深心所指給的自然的道路。繼而不幸君臨她的跟前，當她看到由於她而母親和哥哥死亡，和因孩子的來臨而引起社會的罪惡時，我們了解在過度的苦痛之下她的靈魂之所以破碎，與在精神的錯亂之下，她之所以殺害這個使母子都處於不幸的小動物的緣故。詩人並不譴責這種沒有意志活動的舉動。但另一方面他也並不赦免她。或較切實點講：馬格里特沒有一刻赦免自己。在社會的法律前，她很知道自己是有罪的。在她所墮入的悲慘深淵裏，這種情緒更進入到她的心靈。自從她顯出蒙昧的瘋狂，自從她回復自我的本性，自從她知道浮士德是來救她，她的墮落的意識與懺悔意志在她身上生出一種不可抵禦的力量。她以前是無抵抗的墮落；她現在也是無抵抗地反悔，卽令可怕的死刑離得很近：他感覺他已走上正道，止有一死可以恢復她的本性。這種結局就是用觀衆的眼光看來也是應當的。以人類的正義講，弒父母殺嬰兒的應處以死刑；以絕對的正義講，這種死法有道德上的價值，因爲她情願接受。由某種意義上講，她好像是救世者和施恩者，因在她忍受的那些非常的擾動後，很明白地格萊卿的生活一定要破碎，活下去也不過多給她加些苦痛而已。

浮士德的情形較馬格里特的更要複雜。街上遇到一位不相識的姑娘，他突然覺出陷害的慾望，他急迫地催促他的快樂與愛好的供給者梅菲斯特，但當這位宣告對一位純潔的女子沒有辦法，和要想達到目的得用些詭計與誘惑的時候，他很不高興地忍受着，因爲找不出別的更好辦法。但等他知道他所要用粗暴手段得到的這位少女是那一類人的時候，他就發生了愛慕的心。他在格萊卿的住室因爲這位微賤的可愛的生靈給他的啟示而使他對她發生尊敬，繼而他要逃跑，不願再侵害她，如果梅菲斯特不來譏笑他的猶豫與他的廉恥心的話。是梅菲斯特籌畫一切，是他供給出禮物來引誘少女的好奇心，是他同瑪爾特夫人找出陰謀讓兩位戀人晤面，是他實際上工作着爲滿足浮士德的慾望。至於浮士德他是逼不得已地被誘到這種冒險裏。開始的時候他還是違着心去做，繼而他也眞正發生了愛情。浮士德努力作出與格萊卿信仰同一的宗教，做同一的永遠的戀愛之夢，可是在格萊卿這方面，她是絕對的相信，她是眞愛，但也是因爲她直覺地瞥到她的愛人的誠摯。然而浮士德是誠摯的麼？當他對格萊卿發誓永遠相愛的時候。這位超人在「地靈」面前曾經宣告他要投入人生的大洋裏，要嘗一嘗人類一切的享樂，一切的罪惡，要親臨一下人們一切的命運的這位巨人，能不能在一個中產階級少女的愛情裏找到他對無限之瘋狂熱情的滿足呢？這裏有一種絕對掩飾不了的矛盾。浮士德希望他對格萊卿的愛是靈魂之永遠的結合；但他並非不知道實在的人性，這個戀愛是太人性了，他自己也知道得清清楚楚這個愛情是暫時的。他這樣永沒停息地在混雜的苦痛裏掙扎着。他自己覺得他充滿了最熱烈最眞摯的愛情。然而他內心的憂慮裏，無論如何他是不忠實的，——他的不忠，或許由於自私的成分少，由於他的命定的本性，他的內心的魔性多，因爲他要對他超越的「自我」不忠，如果他要讓愛情的鎖鍊束縛住了的話。

他對格萊卿的愛，給他帶來了最純樸的幸福，同時也帶來了一種漸漸增長的苦惱。在這位溫柔純潔的女孩一點也不顧慮而供獻給他的懷裏，他找到一種興奮的熱情的滿足，這種滿足引他到自然之路。然而他永遠昇不到靈魂之整個的和平與完全的幸福。他太不容易溺惑到幸運的幻夢裏（暫時是有的），他知道他自己有矛盾性，他覺出他的戀愛要產生不幸，他開始就想拋棄他所要作的，但是不能。在不幸尚未臨到格萊卿的身上時，他就知道他自己是「我不是亡命者？不是流浪人？眞是個全無目的和安寧的惡漢，和瀑布似地從巖上向巖下奔流，貪急狂暴地衝入深淵」，並且打破了自己所愛的女子之平靜的小屋。悲劇陸續地演進着，他失望的極點，是在結局馬格里特永遠拒絕他和不願意跟他逃的時候：「哦，我不曾出生才好」！這是他受了打擊後，看到一切的不幸都是由於他的時候說的話！

最後，在梅菲斯特的性格裏，看出一位懷疑的與犬儒學派的現實主義者。增加這個人物的緣故，明白地是爲與浮士德的性格作一個對照。他能輔助於浮士德的，沒一點是超自然的。他知道自己對格萊卿沒有什麼力量，他沒有能力順浮士德的心願，馬上可以得到她。他承認得用人類的詭計，並且爲使這位天眞的少女失足，他得計劃一種巧妙的陰謀，而爲從來的誘惑者所施行的。他引出一切的不幸壓到這位薄命者的身上：是他找到麻醉藥導出格萊卿母親的死亡，是他彈六絃琴而引出浮士德與華倫亭的會晤，是他把劍放到浮士德的手裏來刺華倫亭，是他用愚鈍的娛樂來籠絡浮士德，爲的是蒙蔽其情人的不幸，是他獻給浮士德一種讓格萊卿逃跑的方法，然由此而引起她對自己罪過的深刻懺悔。他是陰謀的主謀者與不幸和罪惡的製造者。同時他也是理想主義之絕對反對者。浮士德搖擺在欲望與愛情之間，而梅菲斯特認爲愛情也不過是一種幻覺與囈語，唯一實在的是欲望。浮士德想得到馬格里特，然同時又作着純潔的靈魂結合的迷夢，而梅菲斯特感到趣味的僅是肉體，認爲神秘的愛情也不過是一種純粹的做作罷了。他對浮士德之沒結果的奮鬪加以無情的嘲笑。不能否認，他時時有理由來反對神經過敏與趣向理想主義的人。他是老於放逸的人，知道怎樣玩轉方法來達到目的，並且爲達到目的起見任何無廉恥的手段都試用。他是熟練的邏輯家，讓浮士德對自己的猶豫，自己的反悔，自己的脾氣，自己的誇張紅臉。他是一位殘忍的心理學家，以可怕的銳眼來分辨人性的卑劣，並把這些卑劣沒廉恥地赤裸裸地表現出來。他驅散了人們拿來作爲自行掩飾的保護的氣氛。他戳穿了一些半意識的假仁假義，而這些假仁假義是理想主義者欲藉以變換自己行爲的眞正原動力。

然而，如果浮士德在梅菲斯特面前的行爲都是錯誤，很明白，詩人的意思，並不是給讀者一種印象，說是梅菲斯特處處都有理由來反對浮士德。梅菲斯特給予浮士德的影響是什麼呢？什麼也沒有！並不是他誘出浮士德的意志。浮士德所順從的總是他自己本性的衝動。梅菲斯特的角色僅僅是滿足他的欲望的方法。他影響到馬格里特的行爲麼？說不到。歌德不願意給我們一種印象，說是格萊卿屈服於他的陰謀的詭計；她之墮落是因爲她的心告訴她——是有理由地告訴她——浮士德的愛情是眞實的。她對梅菲斯特的兇惡有一種直覺，且本能地覺得他可怕。也是用充分的自主性來結束格萊卿，當她墮落到悲慘的深淵時，她只看出一條路：懺悔與死。梅菲斯特，無論他的能力多麼大，但沒有勢力。使戲劇完美的，是每個人物都充分自主地來走自己的路，不受任何外界的束縛，僅僅跟着自己固有的法則去走。

九　浮士德初稿的意義

原始浮士德由他最初的形式，是很好的一種草案，以順次的然前後連接得尚未十分圓滿的繪畫，歌德在那裏給我們表現了他的壯年生活之最完整的懺悔與最活動的經驗。學生、他曾深刻地受過大學課程與學校生活的欺騙，他蔑視乾燥無味的純理主義而熱情地趨向自然與生活。情人、他知道怎樣避免他所處的傷感主義時代之過度與做作。關於愛情的觀念，他較同時代大部分的詩人們的要自然與近人情得多。他以「不忠實的情人」來表現他自己，而這位「不忠實的情人」同時是天眞的與有罪的，同時是自責與自赦。他咒駡在自己身上找到的淫佚、懦弱、卑劣，但他知道他的無恆是由他的生性而來。

浮士德的不幸，第一是科學的能手，繼而是戀人，這是浮士德初稿的主旨。如是講來，這部劇作是一種相連的整體，並且在某種意義上他本身也自可獨立。

然不成問題，這是一部斷片。「華倫亭」一景很明白地沒有寫完。再者，許多幕裏都有闕脫。最易感出的是「學生與梅菲斯特對話」的一景，那裏突如其來地梅菲斯特成了浮士德的伴檔，而詩人一點也沒有提及他是從那裏來，他要作的是什麼，他與地靈有什麼關係。另一方面，許多證據使我們相信，歌德要把浮士德不但止領到「小的」，而且領到「大的世界」，或到皇帝的宮庭，或到希臘的海崙那裏。最後，好像不能不一提這位魔術師的結局。沒有一點直接的憑據，讓我們曉得歌德的全部構想是什麼。除去葛好森小姐的抄本外，別無這個時代的任何計劃，證據與片斷。當然，我們也不能決定她所抄的就是歌德這個時代的全稿。人們往往想證明有幾部分，如「訂約」的末段或「市門之前」裏的幾句詩，是遠在一七七五年以前寫成。這是不可靠的假設，且根據在不敢一定的基礎上。最好乾脆承認我們完全不知道。

批評界常常以假設來塡補這些闕脫。其中最著名的是 Kuno Fischer 的。他認爲浮士德初稿是一種有明顯計劃的斷片。歌德的這部劇作應當是迷誤了的巨人的悲劇。浮士德召喚出地靈：他願意墜入人生的漩渦裏，了解人類一切的快樂與苦痛，把他的「自我」一直引伸到與人性的「大我」平衡。然因無限度的傲慢而引出悲劇的命運。這種命運是浮士德所挑撥的，並且是他情願召喚與冒犯的。事實上，他經過了這種命運。地靈之所以允許他的，並不是爲他的不幸。他讓他的侍者梅菲斯特來輔助浮士德，在浮士德初稿裏梅菲斯特不是魔鬼，而是一個「地上的惡人」，無情的與無道德觀念的精神原素，像是一種喜歡嘲笑的妖怪，他很知道人性的弱點、熱情與幻覺。在這位可慮的領導者的引導之下，浮士德完成他所願望的放肆的路程。穿過經驗又經驗，失敗又失敗，苦痛又苦痛，梅菲斯特引導他的被害者直到完全失望的深淵，直到這位被屈服的巨人嚷道：「哦，爲什麼要生我」！這樣，浮士德初稿完結到浮士德雖不是永入地獄，然至少是永久的墮落。

這個假設很精妙而且大膽，可惜根據的基礎靠不住。沒有一點根據，可以猜想地靈在已完成的部分裏的職務，比在將來的斷片裏要擴大；地靈與梅菲斯特間的關係完全是假設；再者，如果這些分析是準確的，那末，浮士德初稿裏的梅菲斯特不僅止有惡人的性格，且確切是魔鬼。倘若一定要相信歌德自己末年講的證據，那這個證據也僅關於悲劇的開端，其餘的部分還牽連不上。

我們只可講：他並沒有照着預定的計劃去工作，計劃的本身是陸續順着他的想像裏劇景之成形而次第地伸展。所以在他的浮士德未「得救」之前，我們只得乾脆承認，不知道歌德曾否想給他的劇作一個悲劇的結果。但我們敢講，在他的眼裏，浮士德絕不是窮兇極惡的人。敢說他總想把浮士德描繪成眞正的天才者，他的時代的最高願望的代表者。敢說在他的良心裏，他總贊許浮士德劇烈地趨向科學，趨向生活，趨向自然，趨向久恆不變的新上帝，以及對光明時代作反抗之可憐的純理主義的熱情。敢說他總想給他的理想主義一種理由，來與厭世的梅菲斯特之犬儒思想相對抗。最後，我們敢說，如果他從來沒有想到原有浮士德對格萊卿的行爲，那末，他在不忠誠的情人之叛變裏所看到的，不是罪惡，而是一種不可免的悲劇，這悲劇並不見得沒有崇高與偉大的靈魂。很可能地，他開始就想給浮士德一種「悲劇的」命運，像給葛玆的 Berlichingen 一個「厭世的」結局一樣。他對這兩種自誤的靈魂都很尊敬，因爲在他們的失敗與不幸裏，還保存着值得人們的羨慕與憐憫的成分。在宗教改革與人文主義的期間，關於浮士德主旨的公共意見到這時候算是固定了。少年歌德已經恢復了前人認爲應該入地獄的魔術師的名譽，後來他又宣布這位魔術師在上帝面前應得永遠的赦免。

第四章　一七九〇年的浮士德片斷

一七七五年歌德在魏瑪住定後，十年左右，沒有修正他的「浮士德」。第一、是時間不許，尤其重要的，是他漸漸厭棄了他少年時代的作品。在司太因夫人與其他科學研究的影響下，他漸漸趨向到古典與調協的趣味，浮士德式的巨人主義，這是他以往作品裡浪漫與傳奇的原素，現在次第和他生疏，因此，就讓作品不完成的放着。是一七八六年，他讓葛思辰（Goschen）書店印行他第一版的全集時，才再回到這部著作。這個印行全集的工作對他好像是「他的生活與藝術之總結算」（一七八七年八月十一日給莎爾奧古斯特的信），使他努力再回到少年時代的心境，並盡力用可能的完善形式完成他少年時代計劃的作品。他寫定「依裴日尼」與「哀格蒙特」後，決定全集第七册裏印行「特瘦」與「浮士德」。在這種情形下，他把「浮士德」帶到意大利，當他一七八五到一七八八在那裏居留的時候。但他一點沒有夢想到他要進行的工作是怎樣地困難。處於意大利這種充滿快樂與調協的土地裏，要想回復到少年時代的心情，完成這種多情的與激烈的作品，實在是痛苦。且他也不知道應該怎樣才能給這類戲劇一種自然的形式，這形式還得滿意他新的趣味與美學的需求。如此，他的「浮士德」對他好像是一個峻險的山嶺，好像是西西弗的絕崖（Rocher de Sisyphe），得很吃力才能爬到峻阻的山巔。他覺得要完成最後的一筆，須有魔術的氣氛圍護着才成。在這種情形下，當他結束了「特瘦」後，本預備一七八八年的冬季與一七八九年來寫「浮士德」，但他的熱度不久就冷落了。從一七八九年夏季，他就決定先給「浮士德」一種片段的形式。當一七九〇年的開始，他完成這種工作時，覺得在自己身上卸下了一種極沉重的負擔。

現在來看歌德給原始浮士德所增加的主要部分，「浮士德與梅菲斯特的談話」、「魔女的廚房」、「森林與洞窟」。

一　浮士德與梅菲斯特的談話

「片斷」裏第一重要的增加，是梅菲斯特與浮士德短短的談話。定稿裏，這一景成爲「契約」與「學士」兩景的連結，包括一七七〇至一八六七句。

在「片斷」的時代，我們還沒有確實證據，可以決定歌德之讓浮士德與梅菲斯特晤談，到底是什麼意義。我們仍然不知梅菲斯特是從那裏來，他在浮士德前顯現，是像「地靈」一樣地喚來呢？或他們的結合是像定稿所表現的由於契約或賭東道呢？我們所能看到的，是他們的談話與浮士德和「地靈」的談話，顯出相當的類似。第一、我們就聽到浮士德巨人主義的計劃（一七七〇句以下），他想在自己身上，聚集着人類一切的經驗，他想超越地認識宇宙的秘密，他想味嘗人類一切的快樂與苦痛。於是梅菲斯特使他接觸到人性所不可超越的界限，個人在小宇宙裏所未曾有的力量，但他對這位超人的傲慢意志，又異常正確的訓誨壓服道：「你將終究仍舊和你現在一般」。且他給他一種不能達到「無阻」的失望。這裏顯出新的題旨。「地靈」使浮士德覺出自己的虛無後，隨卽消逝，沒有給他什麼勸告；但梅菲斯特要利用那位迷誤的巨人的屈服機會，消滅他對知識與經驗的熱情，把他引到肉感的享樂與物質的滿足。爲使這位學者嘗受新的生活計，梅菲斯特建議領他到宇宙裏走一走，浮士德沒有游移地接受了這種提議，他讓梅菲斯特穿他的敎授衣服，以他的地位，接見學生。魔鬼覺得自己的目的達到了。浮士德現在藐視理智與科學，把魔鬼當成自己的伙伴，同時也墮落了。他的巨人主義使他不願嘗受中庸的生活，他在生活裏所找到的，處處是欺詐與失意。最後，他感到灰心，在地球上已找到了地獄。

梅菲斯特在這裏所行爲的，算是「地靈」的使臣麼？是否「地靈」派他爲浮士德現實的與嘲弄的伙伴，而目的就在掘些陷阱，以致產生災害呢？這種假設沒有什麼根據。無論如何，他的行爲沒有異議地都是魔鬼的。他住在魔界（一七八三句），他自認是「魔鬼」（一八六六句），他的職務如同引誘者一樣，就在給浮士德開些粗俗享樂的園地，他的工作是使浮士德墮落，並使他失望。「地靈」與梅菲斯特間，其分岐點如此相異，絕不能在他們間建立一種共同性的假設。再者，詩人未曾提過讓讀者引起這種印象的一個字，並也沒給任何指示使批評家傾向這種假設。

二　魔女的廚房

浮士德會見魔女一景，是在意大利 Borghése（原註一）別墅的庭園裏寫的（一八二九年四月一日給愛克爾曼的信）。這或許就是歌德在他的意大利遊記（一七八八年三月一日）裏所提到的「新寫的一景」。這一景與以前各部的筆調那樣相似，使人不能分出前後的不同。這一景，既不根據傳說，又不根據魔女文件的研究，如「華爾布幾斯之夜」的來源似的。魔女廚房的描寫，却與實際情形相合，歌德自出心裁地在佛蘭克府規劃了這個題旨，繼而，用鏤子，魔鏡與魔圈，描繪出魔廚的景象。

我們很容易看出這段在悲劇總結構上的用意。「獨白」裏的浮士德是一位博學的學者，他從來沒有離開他的書房，以致他的精神與體格都被憂鬱籠罩着。他有長長的鬍鬚，缺乏人情世故的通達。至於在格萊卿一段裏的浮士德是一位翩翩公子，是一位像法國人那樣善於言談的漂亮情郎，是一位經驗豐富的遊歷家，又善於應付婦女者。爲象徵地解釋這種轉變，所以歌德求助於魔術飲料的古典方法。這種辦法是完全成功麼？我不能說一定。如果讀者一定認爲浮士德對馬格里特的愛是由藥品的功效，而非出於眞心，那末，其結果自要減輕詩的效果。進而言之，我也不敢講這種題旨是有用的。歌德性格與浮士德的正完全一致時，他對科學與戀愛是同樣的熱情。「獨白」裏的浮士德對尋求眞理，用去了那樣狂熱的嗜好，我們絕不會驚奇他後來對格萊卿的熱情。再者，浮士德向馬格里特解答汎神論者的信仰，其思想如是深刻，決不是一位少年所能講出的。假如把浮士德表現成四十左右年紀，那我們不費思索地就可領悟，他一面是解惑的教授，另一面是被熱情燃燒的愛人。加以，「傳說」上給我們表現的浮士德，也是一面對宇宙秘密的認識如貪饕的投機事業者，另一面強迫梅菲斯特給他尋求最漂亮婦女之犬儒派的享樂者。實在講，誠如 Kuno Fischer 所說，浮士德有永遠青春的天性，由他這樣天生的青春性，不是由藥劑的效果使他變成愛人，使他參入人生的大潮。

還有一點値得注意。當歌德性格與他的人物一致時，他給作品的僅是普遍人性的眞實，很少注意把空間與時間顯出地方色彩。浮士德主要是一位十八世紀的暴怒者，作者在幕景所表現之大學裏的各種典型，是任何時代都有的。在格萊卿各景裏所描寫的德國小城，並不帶地方色彩，且也沒有用土語。不以奇異舖張劇情，作品的人物在任何環境下都是順天然的意旨來活動，從不借助超自然力的刺激。在起草「斷片」的時代，歌德對他的題目，更是遠離劇情裏「北方」的原素，而使他現在變成與古典的趣味不容。這種「北方」原素他看是膚淺的東西。從此而後，他更加注意要把劇情放在十六世紀的環境，因浮士德屬於這時代的。他要呈現出這個時代的神話、魔鬼、魔女以及寓言的動物的性格。這種傾向，後來歌德寫「華爾布幾斯之夜」時，達到了頂點。

然在「魔女的廚房」裏，已經生了萌芽。如此講來，「浮士德」初稿主要的僅是詩人的懺悔錄，這一幕新景，也不過是作者玩弄玩弄自己的才智和詼諧的趣味。很明白，歌德想表現一種自動的世界，但並不十分在意地去寫。所以在這些動物和魔女的狂妄言辭裏，不要追尋有什麼深刻的含意。歌德的自娛性，被這些努力深究的註釋者毀滅了。但在他的眼裏，魔鬼世界與魔女喧噪是什麼呢？都是些人生粗俗的原素，無意義的、技巧的、虛無的願望與徒勞。總而言之，凡與理想主義者浮士德的熱情相反的都是。所以歌德後來凡寫到這些幻想世界的劇景時，不怕減輕戲劇的眩惑性，而沒有一點游移應用些諷刺的語調，穿插些當代人的隱語。此其我們在「魔女的廚房」裏，找到些意大利紙牌的隱語，或法國革命時代用的破冠冕的緣故。在「華爾布幾斯之夜」裏，我們更要看到這種方法擴大後的情形。

三　森林與洞窟

歌德在「浮士德」初稿裏用極端抒情的熱情，描繪墮入情海後的格萊卿各種心情，但沒有用同樣態度表現浮士德達到目的後當天的或以後的心境。他怎樣同時覺到無限的幸福和痛悔，他怎樣由肉體的自私引到超越的享樂以及憐憫的心腸，怎樣使他傾向到犧牲的結果，詩人在「森林與洞窟」裏描寫的，就是這種複雜的靈魂。那裏，他讓浮士德宣告自己因與自然力的接觸，而醫治了他的巨人主義，因萬物皆神論者的智慧之在自己身上爭執，於是傾向於默想，最後，又因悔非斯特之肉感的激刺，使他又回到馬格里特跟前，以滿足他自私的慾望。

這一景開始的浮士德獨白，是魏瑪時代歌德經驗的反照。那裏可找出詩人因意大利的旅行，和以學者的態度研究自然後，而治癒了他在狂飈運動者的亂雜熱情所發的感恩辭。他現在知道怎樣讓熱情與苦痛的靈魂高超，一直到純潔的、無目的的、隱忍的默想。略帶斯賓娜莎（原註二）派的汎神論，成了他的宗教，使他瞭解各種創造的劃一性。在「植物的變態」裏，他建立了植物構造的原則，這原則，在他的形態學說，又用到動物的構造上。他自知他現在有莫大的進步，要是與狂飈運動時代比較的話。他對自然，現在不僅以被動的情感來讚歎、欣賞，而是一位鑑識者，一位智者，他瞭解並能發明。由此，他借浮士德的嘴，述出了他深心的謝辭。「地靈」給他啟發了一個大自然。自然就是森林，那裏他受到歡迎，他感覺在自己的家裏似的。當外界被暴風雨襲擊時，他在自己的洞窟找到庇護所，換言之，就是在自己的意識裏。夜間的辰星，引起他詩人的豐盛創造，這段獨白，好像是浮士德對救人困難的自然的感恩讚美歌，當他對書本研究與科學探討疲倦後，把自己撫慰在自己的懷抱裏。當然同時，又好像是對崇高的地靈的感恩讚美歌，雖說地靈斥責了他，然終於給他指出無限的光明。

但幸福中唯一的憾事，就是梅菲斯特的顯現。這位侶伴毒殺他一切的快樂，使他對自己屈從，並把以前曾經得到的一切贈禮都變成虛無。

梅菲斯特顯現的結果，是把他從能與自然交往的曠野奪去。他給他解說逃脫肉感之不可能，他嘲笑浮士德的自欺，並以格萊卿離開情人後的種種苦悶，重燃他的情慾。終於浮士德屈服了誘惑。詩人借以前曾在「華倫亭」用過激烈的與熱情的筆調，讓浮士德宣稱他要像瀑布地衝激山巖，把茅草小屋引到自己的深淵那樣來追求人生，在失望的心境下，他犧牲了馬格里特的平安與幸福，去滿足自己的知識慾與享樂慾。

在原始「浮士德」的構造上，加入這段後，因而引起許多難題。

第一、「浮士德」初稿的主人翁是永遠不滿意的。他被科學欺騙，他藐視理智與知識，他希冀魔術與熱烈生活，然自被「地靈」斥責後，又啟示他，引導他認識整個自然，又給他一種平靜的靈魂，而這種靈魂，似乎不應該再離開他。實際上，「浮士德式」的歌德，在佛蘭克府與魏瑪兩時代間已經轉變了，他從狂飈運動的巨人主義，一變而為古典時代的自然主義。他現在讓浮士德宣告他新的信仰，等於以前把浮士德作代言人，宣告叛變的巨人主義一樣。從這兩個觀點看，這段雖說不矛盾，至少覺得有點歧異。不止一個讀者驚奇浮士德突由巨人主義變為默想的自然主義，繼而，因受惡魔梅菲斯特的影響，又突回到往常的巨人主義。

其次，不容易看出這一景到底放在馬格里特悲劇的那一段最為合適。一七九〇年，歌德把它置在格萊卿在苦痛聖母前祈禱與寺院間。這種情形下，很容易瞭解馬格里特所以苦痛，因為自覺要被遺棄。然我們不很了解，如果浮士德的良心感出引誘少女和殺害伊母是罪過的話，為什麼還能在曠野欣賞快樂呢？我們更不了解，為什麼他那樣怕回到格萊卿的跟前呢？從引誘她後，他曾宣告要跟她在一起，為何現在要跑到森林中去作哲學的探討？最後，我們也不很知道於梅菲斯特有什麼益處他要重行把浮士德推到情婦的跟前？既然惡事已作，他也只有認其自然的演進。

到一八〇八年定稿完成時，歌德自然也覺得了這些難題，於是直接把「森林與洞窟」放在「紡車旁」的格萊卿一景之後。事情奇怪得很，一點不要更動文詞，就很合適。以心理的演變看，這個位置較以前的要高明得多，自他一入格萊卿的臥室，浮士德就本能地覺得他的舉動是一種醜惡，爲自私的享樂而犧牲一個人，他就想捨棄他的企圖。「森林與洞窟」裏，在他未誘馬格里特前，我們看他又努力作捨棄的念頭。由此，顯出一個不很合理的地方。在「森林與洞窟」之熱情的暴風雨後，我們不了解爲什麼在那樣幽靜的一景後，格萊卿把自己住室的鑰匙交給浮士德。如果浮士德曾與自己的情感交戰，且想捨棄她，如果他知道引誘馬格里特的結果，一定要讓天眞的少女墮落，那末，當不可挽救的結局來臨時，浮士德似乎應有苦痛的表示；然這表示在幕景上找不出痕跡。總而言之，「森林與洞窟」明白地是對自然與地靈感恩的謝辭，因歌德在意大利所欣賞的解放與再生，是由牠所賜給的。當初詩人作這段文字是爲自己寫的，根本沒有想在悲劇裏安在什麼地方，所以這景在全劇的結構上，有點兒像人身的贅疣，畫蛇添足。

四　一七九〇年浮士德片斷的編纂

歌德完全看出怎樣地困難，印行他少年時代偉大的作品，即令用片斷的形式。要得承認這時他所給的形式，仍有許多未盡之意。「浮士德片斷」包含略微修正過的「浮士德」初稿全部。不過

「學生」一景完全重新安排，「奧愛爾伯哈地下酒肆」從頭至尾換成詩體。在意大利增加的三景，不只沒有塡補一點「浮士德」初稿結構上的缺脫，且與詩人原意往往不十分相合，所以，歌德完全取消了「華倫亭」一景。不成問題，因爲沒有寫成自己所想像的那樣。然「森林與洞窟」的末尾，有幾句是用這一景的。最後，他突如其來地把「片斷」停止到「寺院」。這樣，他抹去了馬格里特悲劇的結局。所以如此者，當然爲「片斷」的原因。受過古典洗濾的趣味，使他不能忍受全部都是韵文的劇作，而以三景散文作結束。這樣一來，當「片斷」出版時，成了一部難解的東西。一七七五年，曾聽少年歌德誦過的「浮士德」初稿，幾乎沒人不被這種偉大天才的草稿所感動的朋友們，如果現在是一七九〇年的讀者，大概都夢想不到這部沒結局的悲劇，對他們反成了一部難以了解。除席勒外，就是他的朋友克爾納（Korner），在一七九〇年六月二十九日的信裏，提到這部「片斷」時，也只能輕微的加以辯護。他寬容地解釋說這部作品所以那末多不調和的緣故，因許多景是在相隔很久的期間寫成的。他很讚賞這部劇的中心思想，他說：『不論以那種性格論，浮士德總比梅菲斯特超越；雖然智慧的豐富以及經驗與狡獪，都不如他』。克爾納又講這些地方都得再詳細地寫，且歌德在作品裏所選擇的街上賣唱者的韻調，往往顯出太平淡。總之，同時代的人都被迷惑了。他對這些不調和，不接連之點，覺得混亂，因太缺脫迷亂，分辯不出作者的目的在那裏，作品的價值還沒有到達完善的地步，而使有一致的見解。

原註一：Borghése，羅馬的著名家族，以愛好藝術名於世，其別墅，後改爲藝術館。

原註二：Spinoza 或 Spinasa（Baruch），荷蘭哲學家（一六三二——一六七七）。

第五章 浮士德定稿（一八〇八）

一 組織

自一七九〇年「片斷」刊印後，七年的工夫歌德再沒有勇氣來完成他這部著作。很明白，因爲他對這個題旨還沒有弄清楚的緣故。

第一、他對藝術的觀念完全改變了。浮士德是他的自然主義時代之典型的作品，帶德國性，通俗的與主觀的。這是一部各幕不十分連貫而以極端熱情所寫之天才的斷片詩，那裏這位少年狂飈運動者以一種可愛的眞摯與美好的情調，表現他對純理主義與六學裏僵死學科的厭惡，以及他對「自然上帝」的興奮的崇拜和他在戀愛的神秘性之前的苦悶。這樣的作品，怎能讓現在講究形式，注意風格與調協的詩人來完成！何況他還藐視自己的以往，斥責巨人主義，傾向於北方與野蠻的藝術，而以莎士比亞戲劇之自由的結構爲雄偉呢！人們猜測的很正確，說是在歌德古典熱情最高潮，在與以往作品處於反對地位和寫的作品如「海爾曼與杜羅特」、「亞希賴德」、「私生女」、「潘都爾」的時候，很難再回復到少年時代的風俗。他不但不願意再去尋找以往作品的適當風味，以及在那裏增加些不可原有的不調和，他還極力避免把自然主義引到庸俗的地步，把奇妙寫成不自然的幻想，把自由的行爲演成無拘束而出乎戲劇結構的法則之外。我們看得很清楚，歌德是經過長時間的游移，才再投入到像這樣的冒險。

除過風格變遷的困難外，還有一種更主要的原因。浮士德初稿是在無計劃無「思想」的情形下寫成的。如同歌德後來對愛克爾曼所講的（一八三〇年正月三日與一八三一年二月十三日），他的戲劇是由一些分離的幕景，一些小而足以獨立的宇宙組合成的。他們在大體上雖是彼此連繫，然不是嚴密的連繫；以整個看，是一部各幕「不相稱」的作品，並且「其所以失敗，就全憑與會來寫作的緣故」。歌德自認他寫這部作品，有點兒像睡夢中起而步行是的，既不知道所做的是什麼，也不知道要往那裏去。現在要再照這樣去作是辦不到了。最初把他吸引到這個題目的，是想表現一位巨人，在這位巨人身上能以找到自己的影子。是想描寫一位據有無限理想的狂飇運動者，他疲倦了科學的研究，投入生活的潮流，不但想認識生活，且要享受與深入生活。他給這個人一個魔鬼作爲伙伴。但浮士德、梅菲斯特是怎樣的關係呢？我們是不知道，即令歌德，在這時候恐怕也沒有明確的觀念。當然，我們應當假設浮士德之與梅菲斯特的結合是由於契約，像傳說裏說的。但這個契約是怎末樣產生的呢？什麼是這契約的條款與目的呢？或許連歌德自己也不知道很清楚。然無論如何，有一件很明顯的事實，就是在第一次「獨白」與「學生」之間有一個極大的缺脫，他應當把這缺脫塡補，如果他想給讀者一部前後連貫的作品的話。不過要想塡補這個缺脫，要想找出浮士德與梅菲斯特的契約之滿意的解答，一定得對整部的作品先有個「中心的思想」。然這個工作沒有做，並且歌德在傳說裏也找不出能以幫助他的地方。當他寫「浮士德初稿」的時候，他是把自己當成一位天才的創造者，整個被他的興會領導着，所以他自己沒有明確的意識。現在他要走向明顯，要把曾經在自己心裏存在過的模糊意見變爲意識的。然要想「從無意識變爲有意識」，要想在象徵之後有一種思想，那得注意不要墮入抽象，不要墮入哲理詩與乾燥的寓言。歌德很知道過度的明顯要減輕詩的效力，因爲他講「模糊可以誘惑人們，他們得努力來克服這種模糊，如同對待不能解決的問題一樣」。然要作到適當的一點是異常困難，不過歌德做到了。

在許多使他從事這個企圖和很能幫助他完成作品的環境裏，其中最重要的一個，很像是從一七九四起他與希勒的親密友誼。希勒值得讚美的就是他確切看出「浮士德片斷」的特殊價值，並且以自己的全力催促他的朋友來完成。從一七九四年年底起，他就向他要浮士德新寫而未發表的片斷（十一月二十九與十二月二日），雖說這一次沒有結果。一七九五年的開始（正月二日）他又來要，得一個空洞而未實踐的允諾，說是爲他編的「時間」雜誌出版時（八月十七）寫一篇斷片。一七九六年又過去了，歌德還沒有從事他的工作。一直到一七九七年，由於無事做，他才回到浮士德。他本來打算同他的朋友藝術史家 Meyer 再作一次意大利的旅行，但因莎爾奧古斯特公爵的遠離，阻止了他的起程，所以遲緩了幾個月。爲彌補空閒的苦痛，他來從事浮士德的創作。他給席勒寫說（六月二十二日），他現在決定要走向著作之道，他把以前曾經印過的一部再行分析，庶幾可以作整個完成或準備。他希望照着他的計劃往前進，然「這個計劃，實在講來，也不是思想的領導」，並且這個計畫他就要膽淸。「不過」，他接着說「我很希望你賜點恩惠，在你晚上睡不着的時候，你自己細心思索一下這個計畫，告訴我你對整個作品應當怎樣進行的看法，並且以眞正預言家的態度，給我一個開闢茅塞的解釋與鑰匙」。席勒與奮地來鑽入他朋友的意見，他以爲這部作品之最需要的，是把所有寫實主義的地方改爲象徵的意義。他結論道：「總而言之，人家所希求你的浮士德，是同時是哲理與詩意的，再從你所計畫要走的幾種形態看來，你的題旨的性質也使你非寫成哲理的不可，不管你甘心與否，總得讓想像柔順地服從着一種理智的思想」。

從這位朋友來往關於浮士德的函件裏，我們很明白地看出在那種情形之下，歌德來努力完成他所企圖的作品。

席勒主張題旨要「擴大」，要想這樣作，就得從哲學的價值入手。歌德同意了這點：浮士德應當變爲人類的悲劇，並且是有世界性的戲劇。他很努力往這方面走，他後來對愛克爾曼（一八二九年三月二十三日）說，希勒是「據有許多應當順從的意見的人們之一」。之後，他總不忘記席勒的建議，但處處仍然保存他自己的私見。如果歌德完全照席勒的意思，那末，他爲伸展與顯明象徵的原素，一定要把他的作品做成一部明哲與乾燥的寓言。他知道怎樣免去這種錯誤，除過給戲劇一種極連貫與極一致性外，並還保留這種「不倫」與神秘性，而成爲浮士德富於蠱惑素的因素。

在歌德這方面，他特別注意到浮士德的風格與古典美學所需求的特點。他知道他的浮士德「僅能是一種片斷」；不過他努力使各部分有一致性和有趣味。他捨棄了要把他的作品寫成純粹的與完美的古典風味。在他看來，浮士德成了「詩的怪物」，一種 Tragelaphe（註三十），一種「沿街歌唱的戲劇」。既無一致的結構，又無一致的風格，那裡用散文寫的各幕，恰恰與用韻文寫的各部作一雜亂的現象，那裡帶德國風味的音節完全缺乏古代的崇高與華貴的韵節。總之，浮士德永遠不會是「古典的」作品，然可以變成「浪漫」的悲劇。由歌德看來，這種悲劇也是一種藝術的形式而有存在的價值。「不成問題，在他批評 Neveu de Rameau 的譯文裡道：人們在希拉，尤其在羅馬的藝術裡找到各種不同的詩的形式；然不要把它們強作我們的模範。我們這些北部的人，另有使我們光榮的祖先，另有許多別的模範。如果浪漫主義時代不會產生偉大的作品，那末，怎麼有哈姆雷特、李爾王、十字架的崇拜、康司當太子呢！因爲我們永遠不會達到古代作品那樣的完美，所以我們現代人的職務就是要保持這些野蠻的先進作家們所有的高度」。用他的自由的結構，他的風格與氣度的不調諧，他的自然主義與空想，諧謔與抒情，寫實與象徵的混合，浮士德可以變成一部浪漫主義藝術之模型，在這種情形之下，歌德也值得努力把這部作品完成。

一七九七年六月二十三日，他告訴席勒從事著作「浮士德」的第二天，他列了一張整部詩的詳細計劃，並且把後來的第二部也包括在內。在這個綱目（可惜現在丟了）裡，他把自己要寫的題旨分別用一些數字來標明。這種數字標明，將來作爲他起草時分類之用：他在每一張草稿的頭上，照着這草稿要放在全部結構的地方，寫一個與綱目目錄相符的數字。這樣，他創造了一部分的「浮士德」。我們知道，第一部所含的數目字是一至十九，第二部是二十至三十，如十六是「華倫亭」，十七是「華爾布幾斯之夜」，如是往下類推。歌德對他的著作有整個觀念後，照着機會的允許，他可以隨便來寫任何的部分。他工作很慢，並且是連連續續。一七九七年，他寫了「獻詞」，或許還有「天上序曲」草稿。一七九九與一八〇〇之間，不成問題，戲劇之中心思想已經在他的意識裏成形。在這期間，不成問題也寫完了「天上序曲」，那裏描繪上帝與梅菲斯特關於浮士德的打賭，並且決定了題旨而使各個部分從此都連接起來。同一時期，他清楚地看出他的戲劇有分爲兩卷的需要，而上卷止於「牢獄」一景。激刺性現在是有了。不過工作的進行是困苦的、斷片的、任性的，因連續的阻隔和繼續的停止而是瑣碎的。至一八〇五年歌德纔決定讓Cotta de Tübingen 書局印行他「增加一倍」的「浮士德」，爲他重新預備出版的全集。他一八〇六年二月至四月完成了他全部的修正。直到一八〇八年，「浮士德悲劇」卷上同時以八開本作爲全集的第七册與以十二開本作爲單行本纔出版。

二 浮士德的主旨

如果人們爲表示「浮士德初稿」與「浮士德定稿」的殊異，而說前者是性格的悲劇和抒情的懺悔，後者是象徵與帶世界性的詩，這話固然有相當的道理，但這種對照並不是絕對的。一則、浮士德卷上一完成，馬上就表現着如同原始浮士德那樣的熱烈情緒。二則、無可疑地在「浮士德初稿」裏已經包含有一種「思想」。

在「浮士德初稿」如同在同一時代寫的「波羅梅特」一樣，歌德所描寫的是一位巨人對法律的叛變。但在「波羅梅特」裏，神話的服飾往往還含蓄些詩人的意志，故有誤解的可能；至於浮士德的主旨一點曖昧也沒有。浮士德是一位超人的個人主義者，因爲他有天才的特權，不屬於統治人類生活的法令如科學、習慣、法律、法則之下，所以他劇烈的據有生命的興奮，在愛情，錯誤，甚而至於罪惡之前都不避忌。近來人們很喜歡講到浮士德的反基督教主義。人們根據他同魔鬼訂約的事實，認爲他的反叛不僅止對社會，而且對基督教的上帝，以及神聖世界的法令。以基督教的眼光看來，因驕慢而背棄上帝，捨給惡魔，沉入世俗的熱情，這樣是無可挽回而且也應當地罰墜地獄，所以歌德漸漸地以爲與魔鬼聯絡的超人，不必強讓他墜入地獄。以歌德和他同時代的人看來，敢於求助惡魔爲的是認識宇宙的秘密和滿足無厭之願望的人，並不是上帝的仇敵，而是「一位上帝的尋找者」，(Gottsucher)，一位冒昧的哥崙布，他敢於信賴惡魔領導他到上帝那裏。

當浮士德召喚地靈，那就是說新的上帝，自然上帝的時候，當他與梅非斯特結約，坦白地拒絕基督教舊上帝的信仰的時候，當他整個墮入情感的興奮的時候，他是決絕地撕破了千年來基督教主義的價值表。是的，這一切都是很對，並且無異議地在「浮士德初稿」中這裏那裏，我們還可以找到些反教會裏的人的文字。但以整部著作而論，要說「浮士德初稿」是一部澈頭澈尾反基督教的作品，我却認爲不然。不錯，歌德背叛正派的基督教主義，同背叛嚴肅的與武斷的純理主義一樣。然無疑地他處處想給讀者一種印象，以爲浮士德所歡迎的新上帝實在講來，與歷代眞正基督教靈魂所崇拜的舊神沒有一點區別。聽了浮士德對「自然上帝」的讚美以後，格萊卿就懷疑她朋友的「基督教主義」，但她終於同意道：「你所說的都很妥當而美麗；牧師也大抵說這種意思，不過是用稍微不同的言語」。注意一下這句話的意味。照歌德講，浮士德雖不是一般字面上的基督徒，但實際上較基督徒一點也不差，並且比正派的基督徒還要基督徒。一七八五年六月九日在他給賈阿畢的信裏，辯護斯賓娜莎對自己的誣蔑道：「我們沒法子顯示出上帝的存在，存在的本身就是上帝。如果別的人把這種存在稱之爲 Atheum，我倒很喜歡稱他和讚美他爲 Theissimum 和 Christianissimum」。我想不成問題在他的眼看來，浮士德是同樣的極宗教的與極基督教的。

我們很容易看出「浮士德初稿」的意義。背叛的巨人召喚他自己帶有的新上帝，地靈，這位令他靈魂深處感到戰慄的新上帝，使他充滿了對於認識和生活之熱烈的思歸病，使他與精靈們發生交感，給他一種勇氣去跳入人生的旋渦，不至於在錯誤甚而罪惡的前面害怕。這個上帝他不能以永久的形式獲得，祇能在與會來的時候，暫時地吸引來。但在出神入化的陶醉之後立刻繼以深刻的虛無煩悶，才能認識一切的神秘。剛剛瞥見，地靈就重新離開他，不過地靈認爲他的心願隔離地上太遠，於是交給他一位一般基督徒所謂的魔鬼梅菲斯特作爲伙伴，領他到實際的世界。在這位可慮的嚮導指揮之下，浮士德作了經歷生活的旅行，也唯有這種旅行才能啟示他的上帝：我們祇能由生活的經驗裡纔能認識自然的上帝，纔能認識人生。

但由那條道路來經驗生活呢？我們知道「浮士德初稿」對這個問題沒有一字的解答，或許歌德自己在這個時候也不知道怎樣解答。但我們敢一定的，是在「浮士德初稿」時代他所表現的浮士德不是一位應墮地獄的罪人，而是一種偉大的靈魂。這種偉大的靈魂在錯誤裏，在罪惡裏，在失望裏能前進到什麼程度呢？我們一點也不曉得。葛玆也是一種偉大的靈魂，他累及鄉民的叛變，他終於死亡，屈服與失望。我們不知道在浮士德初稿時代，歌德是否也把他的浮士德認爲是同類悲劇與厭世的結果。

當一七九七年歌德要想完成他浮士德工作的時候，又提到了他的主人翁之命運的問題，但是這一次是決定了。浮士德沒有被寫成墮落的人，他應當「得救」來反對自己的錯過。現在作爲故事開始的「天上序曲」裏，以一種最美麗的詩詞與最可愛的高尚思想，來表現這種意思。

詩人把我們移轉到天上，那裏很合於基督教傳統的神話，上帝位於衆天將中間。在他面前顯現着惡魔梅菲斯特。上帝與魔鬼把浮士德靈魂作爲來打賭的對象。上帝認爲浮士德是他的「下使」，雖其性質是無厭的，「他將引導他到澄明的境地」，換言之，就是他要療治浮士德過度的巨人主義。當「人在努力的期間，總不免迷誤」，但「善人即被黑暗的衝動所驅役，也不會將正路忘記」，所以浮士德雖說有他的錯誤，然永遠意識地保持着自己超越的本質。梅菲斯特却相反地認爲浮士德將要「很快和地吃塵垢」，而在粗俗的享樂裏找到滿足。

序曲裏所提及的問題，乍一看來好像是具體的與有限的。上帝與惡魔爭執一個人類靈魂的獲得：是要知道巨人浮士德屬於天堂呢？還是地靈？忠誠於興會而直到理想的境界呢？還是如果與奮被梅菲斯特引誘得氣餒，而致他墮入地獄和失望呢？但我們略微想一想：就知道浮士德不僅止是一個個人，而是人類的典型，並且劇情所講的，不僅是一個個人的命運所遭遇，而是整個人類的。他所談的是關於人類到底屬於上帝或惡魔，榮耀地上昇到秩序和眞福，道德和幸福呢？或反而降至罪惡和厭世呢？我們還得再進一步把浮士德看作一部帶世界性的戲劇。他所提到的問題不僅是人性的，而且要知道是善的精神戰勝呢還是惡的精神應當呢？那一種是戰勝者？神或是魔鬼？正面或是反面？秩序，調協，美麗或是紛亂與失望？生或是死？全體的革命是一種無意義的苦痛，最好不要發生呢？抑而是一種榮耀與燦爛的實體呢？我們看得明白：浮士德中心主旨所要討論的是人生問題的價值。

三　自殺的企圖

這種價值，開始時，浮士德是極力地否認。他以帶苦味的熱情來尋找上帝。他被神學與抽象的科學欺騙後，他想如十六世紀的通神論者們一樣，以魔術的力量直接昇到上帝那裡：他招喚了他感覺在自己身上的新的上帝。他熱烈的召喚引出了地靈的顯現。但這種頓悟也只是暫時的。在他所要歸附的無限上帝與他自己是有限的造物之間，裂開了一種不能越過的深淵。好像人是在自己的神聖意識與自己的「有限」之間搖擺着。在他出神入化的時候，浮士德接觸了神境；在他枯乾的時候，他苦痛地瞥到整個有限生命之不能勝任。他自覺上帝與塵垢在那裡更替着。這些劇然變動之結果就是厭世，就是世界苦惱（Weltschmerz）。沈醉於上帝的人是切望無限；但以個人講是有限的；所以只有承認永遠的不滿意，因為從不會有有限的生命能給他所希望的這種無限；即令最崇高的時間裡也帶着暫時的不幸。浮士德想在有限裡找無限，個體裡找整個，宇宙裏找上帝，這是一件不可能的事：結果他被欺了又被欺，終至他墮落之深與他理想之高的程度相等。在這種情形之下，他只有必然地走向失望。生存的價值漸漸地在他看來成了問題。這種企望漸漸地使他完全失望，最終也為此而加以「否認」。

自殺的企圖是定稿裡浮士德獨白的結尾的中心意旨。動蕩於生存與煩悶之間，認清永不能得到滿足的苦痛，於是巨人不能抵抗地產生一種以自殺來了結憂悶的念頭，這樣可以早一點回到上帝那裡。然而這一點，以歌德講，是一種不良的企圖。因為一個新人的職務並不是逃避世界，而是却却相反要對生命忠誠，要使生命榮耀，要證明生活是良善的和值得生存的，如上帝為反對惡魔的虛無主義而宣佈的言辭。永遠不滅的上帝企望着在宇宙裡實現自己，所以他在個人身上創立一種唯一的與不能替代的小宇宙，如果他要先期消滅，那他不是只在個人身上和爲個人而存在。這種自殺的企圖其危險的程度，與一般人認爲消滅自己個體的存在，就可走到神靈的懷抱，就可由不幸裡得到光榮的自由相等。在狂飈運動時代，歌德對厭世與自殺是怎樣的看法，這很難講。我們也不知道他這時期所描寫的 Prométhée 將得什麼結局。在「維特」裡他給我們表現了一位對上帝發狂的超人與生活接觸後因而屈服。「獨白」裡的浮士德，當歌德寫定稿時所想像的，與「維特」所屈服的類似。當他把藥杯舉到口邊的時候，以一種不近人情的機遇，使他停止到深淵的邊沿：他被鐘聲和天使的合唱，被一種他自己不敢相信的福音又把他引到人生。這是怎麼講，爲什麼他這樣容易受生命力的引誘？很簡單，就是浮士德願意生存的原素要比維特強得多，只要有一點動機就可以重新燃起他生命之火。這種豐盛與欣喜的生氣，是歌德主要性格之一，在他少年抒情的作品裏表現得異常顯著，這是浮士德與維特不同之點，而且由這種性格我們可以瞭解爲什麼在歌德的一生裡從屈服到希望之前，並且也沒有像維特一樣讓生命之司菲克斯（註三二）呑過。這種生命力強烈的本性，不管甘心與否，總算讓浮士德又生存着，阻止他像維特那樣捨棄到死亡之途，並強迫他墮入人生的冒險和與梅菲斯特接近；雖說他很明白地看出前途的不幸。

四　梅菲斯特的出現

魔鬼的顯現，我們都還記得，在古代傳說裡是一種主要的題旨。浮士德在魏登堡附近的斯斯賽森林的十字路頭哀求魔鬼，終於魔鬼以龍或獅子狗的形象顯現，並且允許第二天到浮士德的書房裡晤面。第二天他先是以黑影的形象在博士的鍋後面，繼而受浮士德的懇求，以一種人頭、熊身和兩眼光亮如火的形象由鍋後出現。第二次晤面他來拿契約的時候，又以一種髮色蒼白的牧師形象，那就是說一位 Franciscain 的裝束。這位魔鬼以梅菲斯特萊斯的名子來履行他與浮士德所定的契約時，仍以這種裝束。

歌德勢必把傳說的內容整個地徹底改變一下。

第一、浮士德不再像傳說裡那樣召喚魔鬼。僅是在復活節以後，走出自己幽暗的書房同華格納往城外散步的時候，在將要落的太陽前面，突然重新引起了無限的願望，他恨不得生了兩隻翅膀儘向太陽追逐，他又如同在地靈顯現的情景一樣，重新覺得天堂與他接近，「啊，如果空中有精靈們在天地間支配着風，他叫着說，請從金色的煙靄中降臨，引我到新鮮而絢爛的生命」！這與傳說裡魔鬼的召喚完全不同。然浮士德的呼喚已被梅菲斯特聽見，他既得到了上帝的允諾，當然要藉此機會與浮士德接近，於是以黑色的龐大形象跟在浮士德的脚後邊，馬上浮士德就覺到這個龐大的魔性，繼而疑惑到自己所引進家來的是什麼東西。

回到書房後，當他用德文翻譯聖經的時候，龐犬以哼叫來騷擾他的虔誠的默想。現在浮士德纔知道他所引進來的是一個妖精，他用符咒強迫妖精現出原形。這個惡魔很知道怎樣激起浮士德的好奇心，而讓他需要自己。他假裝異常困難地解答浮士德的問題，假裝偶然的幸運進入書房來，但現在因門上靈符的關係不得出去，假裝自己現在是受地獄的法律束縛着，爲的是想激起浮士德同他訂約的意念。後來梅菲斯特藉了小精靈們的法術，把浮士德引入夢鄉而自己從書房逃出後，自覺完全達到了目的。浮士德很悵惘地以爲引來的一點也不是能幹的精靈如地靈一樣，而僅是一種劣等惡魔以漂泊的書記生裝束出現；他極度地瞧不起這位講自己是「總是否定的精靈」，因爲這位的「冷酷的魔拳」，對於「永遠地活動的與神聖的創造力」是毫無辦法的，它僅是「半地獄的醜類」，和「混沌的奇兒」；但浮士德下意識裏驚奇惡魔的魔力，在這種驚訝的情形下，他預備同魔鬼訂一個契約。

五　契　約

仍然在浮士德的書房，接着的一景就是契約的訂立。

梅菲斯特這一次作西班牙貴公子的打扮穿着紅衣加上緞子的外套，帽上插着雄鷄的羽毛，以引誘者的態度出現於浮士德之前：他勸他離開發煙燻氣的書齋，捨棄科學的探討來作一次世界旅行，嘗一嘗生活的簡單快樂。浮士德呢，他確知人類知識的不足，並且很想逃出使自己氣悶的幽暗牢獄，走向自然，走向人生。他夢想在自己身上總結人類一切的經驗，味嘗人們一切的快樂與苦痛，所以現在也正準備着去冒險。但浮士德以他超越的天性與他無限的追求，意識地知道梅菲斯特所能給他的快樂，永不會給他一種幸福的幻覺。因爲確知科學與生活的尋求不能給自己以滿足而且永遠是處於不飽與不滿的心情，所以他懷疑魔鬼「能以用肉感使他迷惑」，能以「使自己達到滿足的地步」。他不承認梅菲斯特能有一天使他瞬間地說：「請你停留，你眞美好」！然梅菲斯特却同他打賭將來總能給他此種滿足，因而講：「我們安然可吃美食的時辰，也終有來到的一天」。換言之，就是他敢賭浮士德終究要讓「卑賤的自我」所統治，停止了對無限的熱情，與滿足粗俗的享樂，從此而後，他的靈魂就轉入魔鬼的手裏。

從契約的條文看似乎是很清楚：浮士德與魔鬼訂了一種契約，適合於流行的基督敎思想，說是：如果惡魔能在現實生活裏給他一些物質的享樂，那末，他就允許把自己靈魂交給惡魔。浮士德與梅菲斯特所定的契約，是根據中世紀末期所流行的對於生活的觀念，這種觀念是建立在物質與精神，地上的享受與永遠的生活，上帝與魔鬼的二元論上。人們認爲魔鬼是自然與物質的主宰，地上享受的分配者；並且允許倘若一個人背叛了上帝與永遠的生活，是可以訂一個契約而與魔鬼結合。這種生活之二元論的觀念，在主觀主義時代是不相信了。歌德之所以借基督敎的辭句，爲的是作一種詩意的象徵，在比喻的形式下來表現一元論和汎神論的觀念，他由浮士德對馬格里特的一段懺悔裏都講出來。以歌德所表現的浮士德看，他並不是照基督敎和傳統的意義來相信永遠的生活。在他的意思，上帝與魔鬼已經不是超越的而屬人體以外的實體，他們與自我都可以在人的本身，人的靈魂裏找到。永遠的生活間之障礙現在消滅了；人們要在自己身上找到他的天堂與地獄。自然與人類的區別不存在了。人們異常羨慕「自然上帝」。至於魔鬼，僅僅是一種簡單的否定。既不存在又無實體的空洞虛無。爲明瞭起見，現在不用象徵的說法，就以「契約」一景的意義來直接作一個解釋。二元論被現代人把他引用到靈魂的本身；一個人有兩種靈魂，一是卑賤的，他把人引領到地上，引領到肉體的享受；另一是高超的，他把人引領到神聖，引領到永遠的生活。浮士德與梅菲斯特的辯論，就是浮士德兩種靈魂的對話，一種認爲人除過肉體的粗俗的享樂以外，沒有別的幸福，永生以及自我超越的企圖，都不過是一種妄想；另一種認爲人唯止在他深入到「無限」的思歸病的時候，纔能算眞正是人的本性。如果他要接受肉感的統治，他就要墮落與變成奴隸。人之「得救」與「墮落」，找到「天堂」或「地獄」，要看他跟着這兩種靈魂那一種走而定。若是第一種勝利，那末，生活是正直的、光榮的、神聖的；如是第二種勝利，那末，生活也不過是虛榮的、無意義的與永遠苦痛的。

使歌德戲劇的意義錯綜的，由於他時而用意象來表現，時而又用基督教傳統的語言。他表明他詩裏的含意，往往使我們看不出他是從什麼地方起改換了字彙。例如，梅菲斯特這個人物，不成問題是一些複雜的性格混合而成。第一、如在傳說裏一樣他是通俗的魔鬼，狡猾，說謊話，詭辯，貪小利，善於裝扮各種形態，尤其是漂亮公子，他又是馬蹄的魔鬼以狗的形象來與浮士德作件，或在他的魔外套上轉運浮士德。他對於召喚很聽從，他在十字架前低頭，他不能穿過貼着五角星芒的符籙的門，他同人們締結契約要用正式的憑據，並且要求人們以一滴血來簽字。其次，他是一位惡魔，一位嘲弄的與作惡的現世主義者。他所看到的到處都是邪惡，他到處所作的都是惡事，一位玲瓏的誘惑者，一位浮士德快樂之無廉恥的供給者，一位殘忍的心理學者，慣於玩弄人類一切卑賤的本能，一位無憐憫心的惡人，最喜歡人類苦痛的增加。他也是一位魔鬼，這種惡的精神是歌德藉助於一切與善相反的宇宙論以及希臘或猶太、蛟柏書的撒旦、司魏登堡、斯賓娜莎或勒布尼兹關於惡的理論所寫的。最後，是浮士德第二種靈魂的反映，一切人類的第二種靈魂，自我的惡的一面，與良善、崇高、理想的靈魂相反之險惡、輕佻、自私、肉感與殘忍，由這些矛盾的原素之混雜裏，詩人的天才知道怎樣創造一種這樣顯著與這樣結實的個體生活，同時他也到處有自行矛盾的機會：讀者的幻覺不停止地在破滅，然也不停止地在再生。因爲驚訝歌德有如許的機智應用各種固有的矛盾性來創造他的人物，即令稍有不聯絡的地方，爲詩人的技術所不能除去的，我們也不十分驚訝。

另外一種曖昧的原因是用「幸福」這個字。有些地方所指的是關於人類卑賤需求的滿足，這種需求把人引到墮落、失望與犯罪，另一些地方所指的是關於人類行施高超行爲所得的快樂結果。當梅菲斯特與浮士德打賭能以給他「幸福」的時候，那意思就是物質的滿足，尤其是滿足浮士德自我卑賤部分的需求，所以浮士德強迫着得講自己是「幸運」。然而這種幸福實際上是整個的不幸，因爲這樣一來，浮士德變成低微本能的奴隸，勢必在地上找到地獄，而且要墮落。另一方面，當浮士德懷疑梅菲斯特能以給他「幸福」的時候，那是他希冀不受享樂需求之眩惑的滿足所欺騙。但事實很明白，如果浮士德由於他的超越靈魂之久不疲憊的力量，自己找到了「幸福」的滿足，如果他味嘗了純潔的愛，安靜的默想，自由的行動，天才之創造的快樂，那末，不僅止他不能輸了賭注（卽令他承認過他是「幸運」），他還要贏了否定者的魔鬼，因爲他可以實現人類的命運，與找到「眞幸福」的秘密，並且同時由於自我的超越部分之勝利而達到了永福。歌德的基本意思是相當的淸楚，雖然在辭句的表現上往往顯然地遇到些不聯絡的地方，但意義一點也不模糊。論者常常指出些在表面上是梅菲斯特讓浮士德墮落之輕率的計畫之矛盾性，在道德上講，梅菲斯特之所以屢次地施用誘惑，好像是想激出浮士德對他所供給的幸福認爲滿意的呼聲。但是有時候梅菲斯特又宣稱他之一步一步的以肉感來引誘浮士德是無效的，用盡了這種誘惑的法術，從沒有給他一刻安息的時間和眞正的滿足。這兩種解釋在表面上是完全矛盾的；然照着我們上邊所講的，這種矛盾與其說是在思想上不如說是在辭句上。同樣，我們雖看到浮士德在格萊卿的愛或在自然的默想裏（森林與洞窟）都能得到深刻的幸福，然並不因此而輸了他的賭東爲驚異。梅菲斯特一點也沒有力量給這些滿足及浮士德之自我的超越部分，雖說魔鬼專心在擾亂和破壞。假設浮士德的意義如在「天上序曲」和「契約」兩景裏所表現的是極端的一致，卽令因矛盾或暗昧的外表所蒙蔽，而使讀者乍一讀來覺得迷惑，略微加以思索，我想都能解決出相當滿意的結果。

「大的缺脫」一塡補，幾乎不要什麼變動，歌德就可把悲劇的動作接連起來，不論是在「浮士德初稿」或在一七九〇年的「片斷」裏。結合點是起於一七七〇句，以一七九〇年的「浮士德片斷」論，恰恰在「浮士德與梅菲斯特的打賭」一景開始。「學生」，「奧愛爾伯哈地下酒肆」，繼而「魔女的廚房」以及最後「馬格里特的悲劇」諸景。在一八〇八年的浮士德裏都是照着「斷片」，並沒有大的修改，片斷與定稿間主要的歧異點如下：

（一）把「森林與洞窟」又改變在「格萊卿的居室」之前，（二）曾在「浮士德初稿」裏存在過而歌德在一七九〇的斷片裏去掉的「華倫亭」一景現在又大行修正後，設置於「寺院」一景之前，並且在那裏增加了一句華倫亭之死的隱語（三七八九句：是誰的血呀，污染了你的門限）？（三）在「華倫亭」一景與悲劇結局之間插入「華爾布幾斯之夜」，這一景我們下邊接着就要講。（四）重行加入「浮士德初稿」裏最末以散文寫的三景，而這三景曾因風格的不合在「片斷」裏取消過。其中之前二景，「陰暗的日子」與「夜」、「曠野」，是原樣的排印，最末，「牢獄」一景，以一種極高妙的技巧改爲韻文，這樣，一點也沒有失掉戲劇的力量與動人的寫實主義，然與整部詩的韻緻更較吻合。

六　華爾布幾斯之夜

很難決定從什麼時候，歌德才有意把浮士德引到布洛坑山上魔鬼們星期六夜半的會議。有些人以爲他是與「浮士德初稿」同時，自從他一七七七年第一次攀登過布洛坑山後，歌德就想把這種奇異風景的回憶作爲描寫的目的。另一些人以爲他之在歌德的想像裏成形應該與「魔女廚房」同時，因爲在那裏可以找到一句「華爾布幾斯之夜」的隱語（二五八九句以下：「我有什麼能爲你效勞，請於華爾布幾斯之夜見告」）。還有一些人認爲他只能是後來一七九七年新計劃裏的計劃。然以現在這一景的形式講，是始於一八〇〇年和一八〇一年二三月，並且最後的修正係在一八〇六年四月三四日。這一景是根據古代關於魔女和精靈們的主要作品，而歌德在這個時代曾特意地詳加研究過。

自從詩人照着最後的計劃把浮士德變成人類的悲劇，並且在「天上序曲」裏讓我們看天主的情景後，很自然地他再讓我們看看反方面罪惡的帝國。這個帝國處在 Blocksberg，那裏華爾布幾斯之夜（四月三十到五月一日）的時候，魔女們都騎着掃箒柄或雄山羊來致賀撒旦。一七五六年，詩人 Löwen 已經在一部滑稽的紀戰詩「華爾布幾斯之夜」（Die Walpurgisnacht）裏，把浮士德博士安放在 Beelzebuth 位置之左。歌德以爲要想眞正瞭解浮士德的傳說，就得認識這種迷信時代之別具風味的神話，得追敍出這些墮入地獄的羣衆，這些魔女、惡魔、下等精靈，以及一切罪惡、邪癖、醜陋、粗俗、淫逸世界的景象。這種景象常常在中古時代人的想像裏很活躍地顯現，而且激起了那末多畫家、彫刻家或圖案家們的興致。歌德不僅止是一位靈魂的創造者，而且是一位浪漫事物的精通者，自然地被這樣的主題吸引着。

爲他這是一個機會來發揮一連串相繼的奇特或盛大之靈悟。爲攫得華爾布幾斯之夜的現實趣味，最先得讓讀者看見這種景象，至少由於心眼看來。想像出這種攀登布洛坑山之相繼的奇異的景象，那裏浮士德與梅非斯特陸續往山嶺攀登的情形，得借助於活動的佈景纔可在舞臺上表現。漸漸地，我們同這兩位遊歷者在充滿了夢的幻像之夜景裏昇起。這些奇幻崖石之布洛坑的崎嶇山景，加上鴟鳥或梟鳥，梟或剌鳥，鯢魚或螢之撒旦的動物，由於漂動的燐火之光的照耀，一幕一幕地在我們眼前轉變。是馬蒙的幽怪宮殿張開臂來歡迎旅客。是這些驅着各種東西的魔鬼們，從險惡的山澗，和在暴雷與狂風的怒號中，與奮地往山頂競進。這是些不貞的短壯的老少的魔女們。這是 Servibilis 所獻給 Blocksberg 進香者的景象。最後，這是墮入地獄的民衆主宰撒旦的賀儀。撒旦是會議的中心人物，而爲歌德所要拒絕的對象。

以歌德看來，惡魔帝國是否定的，不存在與無結果的東西，沒有實在的價值，而且最後要消磨成純粹的虛無。因爲這樣，詩人避免把它寫成悲劇。他照極古的傳統，用諧謔的語調來減輕可怕的氣氛。甚而他又以嘲弄的筆調來削滅劇情的眩惑性。最後，他在布洛克司堡地獄裏的魔鬼之旁，安置一羣當代的人物或往時的漂流者，大將或內閣總理，暴發戶或著述家，臀部見鬼者尼可賴或鶴形拉伐特，以及各種對音樂有嗜好的人們，音樂師或跳舞家，哲學家或寓言家，文人們或藝術家，所有的這一切都在表現他們自已的無能，愚鈍與虛榮。詩人以諷刺與個人的隱語來代替描寫，然這些諷刺和隱語得經過博學的註釋家的解釋才能了解，戲劇的表現現在成了滑稽的模擬。這種趨勢在華爾布幾斯之夜的夢裏更爲顯著，那裏 Servibilis 以這種短小的諷刺詩來歡娛布洛克司堡的居留者。不過這一段帶音樂詩的插曲，實際與全劇沒有一點關係。

照現有的「華爾布幾斯之夜」看，好像歌德祇實現了他一部分的計劃。由「棄稿叢刊」四八到五十裏，我們可以看出詩人所計劃的盛大結尾，那裏他顯出罪惡之王與妖怪們的主宰撒旦，在鼓聲，在雷光閃電，在火燄沖天，在雲霧籠罩之山頂出現，接受圍繞在寶座四周的忠誠民衆們的致賀，模仿着把「雄山羊放在右邊與雌山羊放在左邊」之最後審判的形式，宣布「最深厚之自然的永遠生命」的法律，金錢與淫逸之偉大的力量。在這幕惡魔顯現的末尾，還應表現出受罪的馬格里特之景象，詩人列的綱要如下：躺在發光的地上。裸體。兩手縛在背後。面部與陰部顯露着。歌唱。頭下垂。流着血並且血消滅着火。夜與微聲。Kielkröpfe 噪鬧着。由此浮士德了解……」。「華爾布幾斯之夜」眞的沒寫完呢？還是歌德情願棄掉撒旦勝利的一段，因爲在他看來魔鬼與邪惡純粹是否定的東西，應當認爲幻術的世界完全是偶然的，而不是自然之眞正原素，並且撒旦自己也沒有同人類發生關係的權柄呢？這很難講。不過，在定稿裏被斬首的馬格里特終於顯現在浮士德與少年魔女跳舞之後，這樣給浮士德一種幻覺的惡夢而梅菲斯特極力想減輕此後幻覺之眞正意義，然浮士德也被突如其來的悲哀所騷擾，一時也不能了解其用意，於是繼續觀賞布洛坑山的表演。

以浮士德心理的演變看，「華爾布幾斯之夜」並沒多大意義。乍一讀起，似乎他在全劇的地位，安插得不很相稱。在「浮士德初稿」裏，歌德很細心地給我們表現出浮士德殺害華倫亭後幾星期內，馬格里特悲慘的命運之演成，在這時，浮士德還親自講梅菲斯特讓他「在乏味的消遣中去消散心意」。妖怪們的集會，實際講來，就是「乏味消遣」的象徵表現。註釋的人們都以爲浮士德之走進魔窟是他道德水準的極點。當他與少年魔女跳舞的時候，似乎就陷入了肉感的享樂與變爲梅菲斯特的奴隸。但在他要墮落的當兒，恰恰格萊卿顯現，她使他深刻地感動而救了他最後的墮落，在他良心上引起了劇烈的痛悔，使他逃出肉感的迷誤。所以「華爾布幾斯之夜」不僅祇不是添加東西，反而是浮士德卷上的最重要轉變點。我不敢相信這種說法。實際上，妖怪們的集會對於浮士德之「誘惑力」與奧愛爾伯哈地下酒肆之狂飲同樣地微弱。絕對沒有人相信浮士德能被學生們之禽獸樣的酒福所引誘，同樣，也不會相信浮士德在格萊卿的懷抱裏味嘗了深刻的幸福後，還能在一位裸體的魔女之懷抱裏得到十分的滿足。他之所以要跟着梅菲斯特遊歷布洛坑山的，因爲他對任何經驗都不願拒絕，因爲他不畏懼去窺探惡魔的帝國，甚而因爲他希望在「那裏解決許多難解的事物」。但我的意見不是說歌德有意要告訴我們粗俗的帝國對於浮士德有吸引力：人們很難想像他不是帶着逆意來遊歷。總而言之，他是沒有多麼大的興趣。這樣講來，「華爾布幾斯之夜」這一段插曲，與其說有深刻的含義，不如說是興會之流露，把它看成牆壁的裝飾畫，很有意味，但以戲劇內容的結構論，並不佔重要的位置。

第六章 結論

浮士德，古代傳說認爲他是基督的信徒，然是無信心的魔術師，具有絕對的超越性。他爲得到羣衆的景仰，學者們的羨慕與尊敬計，把自己捨給魔術，與魔鬼訂了契約，爲的是達到一種認識與力量。但傳說把他寫成可憐、中庸、無自治力，不能走到有效的追悔地步。他處在另一世界所等待的恐怖命運裏，在逐漸增長的苦痛裏，走向不可挽回與應當有的墮落。

到馬盧韋手裏，這個人物的性格擴大了。魔術師變成天才者，知識上的鐵木兒。詩人對這位不安分的道德違犯者如此欽佩，使我們懷疑他是不是赦免了浮士德的罪行，因其性格美麗偉大的緣故。然馬盧韋仍將浮士德表現得像始終有可怕東西在前邊等着他。

萊辛是第一個拯救浮士德的人，但他僅由知識英雄這一方面來表現。純理主義者不信上帝能給人一種崇高理智，爲的是讓理智把人引誘到墮落。然這樣描寫，太單純化了浮士德的形相。實際上，科學研求的熱情不是浮士德服從的唯一意志，很明白地還有別的東西。

到了歌德手裏，浮士德的性格重新又變得複雜。他不止是科學界老手，曾無結果地研究人類知識的一切部門；他還是，尤其是深信宗教，然爲背叛上帝的巨人。

第一、浮士德不是古代傳說裏無信心的魔術師了，而是上帝狂的靈魂。他是異常的虔誠。照Elgie ce Marienbad 給這字下的美妙定義，我們的靈魂在最純潔時，顯出和沸騰着願望，想自由地把自己捨給最高與最純正之無以名之的實體，這種實體，姑名之曰「無名的永遠」。這就叫做「虔誠」，他極嚴肅地來尊敬「自然上帝」，被「普天下一切地方的一切心靈，個人用個人自己的文字」來尊敬。

其次，浮士德永遠地不滿意，他不止背叛他所處的庸俗環境，且突過人類的限界；他不止追求全部知識，且在自己身上要聚集人類的整個經驗。他希冀「生活着」人類一切快樂與痛苦，他最後甚而背叛上帝的本身。應該照基督徒對上帝法律服從的柔順態度，而他和普羅梅特一樣，持着背叛的姿態；應該照宗教與道德上的「你應該」，然他以「我願意」。這種巨人背叛上帝與背叛法律的象徵，就是他與魔鬼所訂的契約，和他與魔術師的關係。浮士德與基督教認爲上帝的永遠仇敵相聯絡：他把魔鬼當成他經驗人生時的旅件，魔鬼供給他一切的魔法，以超自然的能力，滿足他一切慾望。這個契約附帶一個賭注。如果魔鬼能以法術滿足了浮士德的慾望，換言之，就是使浮士德墮落到牠所找得到的眩惑、享樂裏，那末，浮士德就算是牠的俘虜。然如果浮士德永不滿足，永遠繼續對無限的興奮，那末，梅菲斯特就算失敗。在這種情形下，就開始作生活的旅行。梅菲斯特以魔法讓浮士德返老還童，經歷世界，讓他作格萊卿的引誘；在浮士德這面，他以十分堅決的心情要滿足他享樂的需求。浮士德以一種熱狂而憂鬱的心情，用一切方法，甚而用邪逸、罪惡走向他的快樂。格萊卿的獲得，引出他一個假誓言，一個毒殺，一個殺人罪，尤其一個天眞造物的整個墮落，他沉入悲慘與煩悶的深淵。在第一部結尾，浮士德感觸到失望與永刧。

然歌德給浮士德題旨增加的最新點，是古代傳說對魔鬼的旅伴與魔術師加以咒詈，而詩人現在讓上帝由自己的嘴說出對背叛巨人的赦免詞：褻瀆神聖的與不道德的超人，總是在服務上帝，當然是在「茫然」的情形下；然他確是服務上帝。其實，照上帝看，錯誤與人類行爲是分不開的。現在仔細討論這個大膽斷語的眞正意義。

乍一看，這種斷語好像是歌德對他所處的社會治安整個的大膽的否定。從他的少年時代，尤其在魏瑪的古典時代更爲顯著。其實，他所有的作品都認人類之服從社會法律與融洽於全體社會裏，是天生的與神聖的義務。他的作品又告訴我們，個人之實現他的命運，祇在看他能否犧牲，能否捨棄自私的生存慾而對社會「服務」。那些不知犧牲，不能主宰自己的人們，終被淘汰而陷於悲慘的境地。維特的結果是自殺，泰叟，這位維特的同類，沉溺在瘋狂與失望，因他不能壓制他的熱情，且反抗社會的法令。在 Affinités électives 裏，愛都華與奧蒂根終得苦痛的結局，因他們既被肉體或道德的神秘愛力所結合，但他們反抗婚姻的神聖法律。反之，凡歌德的成功和能以生存的人物，都是些能犧牲的韋廉牧梅斯特。在開始用「戲劇的顯現力」揭破中產階級的面具，繼而，在「學習之年」(Années de déapprentissage) 的末尾，捨棄劇人生活，果決地走向中產階級的生存中，且和一羣朋友來作拓殖土地的企業。在「遊歷之年」(Années de voyage) 的末尾，我們看到他不止捨棄藝術家的浪漫生活；且還丟掉獨善其身的夢想，在組織與規律嚴密的集團裏，他自獻於有用與平庸之外科醫生的職務。不成問題，在歌德的價值表上，「犧牲」佔很重要位置。是這種道德使人知道生存不是爲自己，而是爲公共，如此，才能稱得起是社會的動物。使人瞭解是由偉大的互助，人們才能完成在地上的職務。人人都當曉得他之所以有價值，是由他能滿足別人的需要，並且他得「捨棄自私而走向眞正的生活」。人人都當存一種觀念：要是敢於「殺身成仁」(Stirb und werde)，敢於絕對的犧牲，則才能避去一切部分犧牲的痛苦，才能走向超越的生活。最後，犧牲就是人類在上帝前，個體在「無限」前，個人的意志在普遍的秩序前的退讓；同時，也就是勇敢的接受命運，接受把自己的意志融洽在全體裏，且盡量地消滅自我意志而走向「超越的整體」的懷抱裏。

但「社會秩序」，怎麼能與這種巨人行爲，他的生活是時而正當，時而錯誤，並走向上帝那裏是由錯誤與邪惡的道路相融洽呢？

要想瞭解這一點，得先探討歌德對「秩序」與「自由」兩字的見解。從自然主義者的觀點：一切活的人物都是一面創造典型而成爲「一種榜樣；另一面照變態的法則而變化典型，這樣，典型在實際上僅是許多例外。從道德主義者的觀點：人類一面是社會動物，要將自身獻於他的團體，其法則爲「我服務」；另方面是絕對的個體，一位魔王，他只服從他內心的法令，並且他說「我願意」。爲什麼人類要屈服在「自由」與「秩序」兩種法則呢？怎樣這「你必得」才能與「我願意」融洽呢？照歌德看，第一要着就是不偏不倚對雙方敬畏，絕對不能爲「秩序」而犧牲「自由」；或爲「自由」而犧牲「秩序」。人類所以爲人類，就是因他能同時講「我服從」與「我願意」。因他既能服從法則，但又能破壞它或再造它。歌德的作品，如果祇注意到「秩序」與「犧牲」而沒有包含像現在浮士德那樣，對「自由」之偉大的讚美，那末，這部作品不能算是最完善的。

浮士德這部書使我們同時了解「自由」的卓越價值與它的可疑性格。

自由人，他的最主要特質，就是敢於說「我願意」，且是第一個「發動者」。照歌德看：浮士德不成問題是主要的超越的創造者。他把浮士德寫成一位超人；在他面前，所有的人都以尊敬或羨慕，同情或愛戴的態度對待他。一位知識界的英雄；同時是一位對生活發生熱愛的情人，他的堅貞不拔的勇敢，對任何危險都不退縮。他敢將自己與精靈們並稱，與魔鬼携手，並打破習慣與法則。他有高尙的理智，專一的意志，巨人們豐富的創造力。但這裏同時顯出他的可疑性格，歌德以顯明的筆調寫出。爲要生活，他敢與魔鬼訂立契約；他不斷的走錯路，然他對罪惡並不畏懼。上帝自己也宣告行施自由是與錯誤分不開的。他承認只要人類一說「我願意」那時就罹受重大的危險性。浮士德的「永福」，簡直是一種賭注，直到最後時刻都飄搖不定，換言之，行施自由，既然這樣地與錯誤分不開，而使我們不能預知，那我們祇能打賭說講「我願意」的人，無論如何，終要達到光明的。

如果自由的價值顯出可疑，那末，生活的價值以整體來看，也不減少可疑的成分。以歌德看、什麼叫生活？是一種不斷破壞與不斷修理的均衡現象。生活並不僅在保守，它要增進：它有一種法則，就是升高（Steigerung）。生活給我們顯出永遠往無限那方面高升，在這種高升的革命姿態所產生的東西，就是人類典型的美麗。甚而歌德把生活寫成像賭徒在賭桌前，總是高聲叫着「加注」，那意思是說，把他的財產都增加上去，想再造新的幸運。這樣一直繼續下去。浮士德這部詩以象徵形式，表現了人類際遇可怕的一部分，並使我們也看清了宇宙的命運。我們應當像梅菲斯特那樣說，生活因其總在可怕的動搖中，沒有一點意義，最好不生呢？或正相反，應當像浮士德說的，無論如何生活，都是美麗的，或像「天上序曲」裏天使說的，不可思議地崇高的萬物和開闢之日同樣堂皇呢？浮士德裏，清清楚楚意識到生活所玩弄的冒險性，但他沒有一點猶豫地爲上帝與魔鬼，爲自由的神聖和生活的美麗與厭世的虛無主義和永遠徒勞的假設打賭。

浮士德，不成問題是得救了。他戰勝了巨人主義的過度與不調協的危險，而覺到光明與永遠的幸福。不過這種幸運的結局，與其說是對燦爛生活的謝恩讚辭，無寧說是在不安或悲劇生存裏的願望或完全有意識的精神之打賭。這是使歌德詩所以深刻與偉大的緣故。歌德知道「自由」

不論在任何行施下都與錯誤和罪惡離不開。他知道生活是偉大而可怕的冒險。那裏的主人翁，一直都陷在邪惡或失望中；所以給浮士德這種豐盛的活動力，這種強烈的創造力，由那裏，我們可以看出一切偉大個人的重要天性與特質。他把他繪成一位達到極高點的「魔性」的人物，永在演變，永在改造。他帶一種熱情，而這種熱情，不論是厄運，不論是最了不得的邪惡，都不能使其消滅。這種特性的典型人物，唯一可怕的，怕是拋棄毅力，停止不前，自暴自棄，儒弱而不敢向前奮鬪；怕是懶惰，見了強力就退縮；怕是掃了興，接受服從；怕是失了意志，去滿足低微的享樂與粗俗的安適。這些錯過，至少浮士德沒有犯。他僅可能是兇惡、罪過，然他從沒有變成「卑俗」。他雖有許多錯過，然他應當得救，因他始終保守人類固執的前進性，他始終往最高方面努力，始終都與不幸和邪惡對敵。正如歌德自己一樣，一直到他晚年，每次經過幾乎可使他滅亡的危險後，總還能找到力量來與命運挑戰，而以崇高的聲調喊道：「直至走向墳墓，還要這樣」！

浮士德研究（卷下）

第一章　導言：對二部浮士德應有的態度

「浮士德」上部是怎樣風行，那末，下部就怎樣不風行。當它出版時，就使歌德幾位最要好的朋友糊塗，如 Reinhard 伯爵。繼而，它又引起一位德國最著名美學家 Friedrich Vischer 特異的仇恨，這位傲慢地戲擬一部第三部浮士德，他永不寬恕歌德把莊嚴與冷枯的寓言，加到少年時代熱情的詩歌裏。直至今日，我還不敢想像有一位飽學者，讀了浮士德上部後，一點也不預備，就能直接領會第二部的美妙。有些歌德的虔誠者，認爲不需要博學，不需要精確的註釋，不需要深刻的思索，就可直接領悟這部作品。我願信任這話，但終有懷疑。我以爲一個沒有受過訓練的讀者，如果他不是被崇拜歌德作品的熱情所迷惑，如果他敢誠實地講出自己所感受的，那末，他在二部浮士德前面窘困的情形，不亞於詩歌門外漢在馬拉爾梅（註三三）十分深奧的十四行詩，或音樂門外漢在斯托拉溫司基（註三四）「春之神聖」之前。由模糊的直覺，或許他感到在一部偉大作品前，不敢加以誹難。但他要深心自問，他是不是被那些喜歡設些難解謎語之神秘主義者所愚弄。同時，他回憶到歌德爲排斥那些囉唆的發問者所講的一句話：「唉！孩子們，如果你們不是這樣蠢的話」！如果他沒有很多閒暇，或如果他不是必須來研究這部詩，那末，他一定把它放得遠遠地，說他無暇分解這個長謎。

浮士德下部確是難懂。若想眞正味嘗它的美妙，嚴肅的預備工作是不可缺少的。我們現在先來剷除那些有志的讀者，想與這部作品接觸時所遇到的障礙。

浮士德二部常使人掃興的第一點，就是抽象、乾燥、無彩色。「我們在觀看，如喀羅（Caro）在他「歌德的哲學」裏說，一種思想的擬人化，與模糊的象徵表演。那裏我們看到時時經過些陰影，而這些陰影以往在浮士德和梅菲斯特的名字底下是多末生動，多末活潑。一種神秘的含意藏在這種連續妄想的幕景與妖怪的民衆裏。要得有點勇氣，纔敢在這種神秘的與陰影的境地裏冒險，穿過千萬阻止出路的幻影；得有勇氣，纔敢在這莊嚴的夜景裏，驅逐假借古代人名的怪魔，而直入迷宮的中心」。

我認爲是完全錯誤，倘若用這種態度解釋浮士德下部。它一點不是灰色與無光彩的作品；它反而是最華麗、最生動、最有趣味的歌舞劇，且曲折最多。歌德的想像裏從來沒有產生過像這樣動人的畫景！如第一部浮士德一樣，歌德從來沒有如是地「視覺的」。他的作品是奇異的大觀，一種他由心眼所看的視覺藝術之不斷的連續，並且以特異的才幹排列起來。在他胎育二部浮士德時，他認爲一篇純文藝劇作，是極不完全的東西。藝術家應當創造「綜合」的戲劇，使之爲詩人、畫家、哲學家調協的合作結果。超等藝術家，應該是那些能以創造些作品，不但適合詩的意味，而視覺與聽覺的想像，也能得到滿足的人們。然歌德是一位繪畫與彫刻的中庸練習生，不過他有造型藝術的想像力。他還是一位相當的音樂家，可以感覺出巴赫（註三五）的天才，且有時為別人所覺不出的。他曾同音樂家日耳特（Zelter），精神上發生過密切的關係。沒有懷疑，他想在二部浮士德裏不僅創造文藝的作品，而是綜合的「集體物」，那裏詩是主要的綱領，但詩需要別種藝術的幫忙，纔找出詩人所要求的總效果。例如第一幕「假裝跳舞會」就不像文藝作品，可是歌德異常喜愛，因為他在那裏可以得到清楚的視覺，他由此可想像出文藝復興時代意大利或德意志藝術家們所歡喜的一種榮耀凱旋，且可以明白地用心眼來看，因為在他的回憶裏顯出（Grazzini 和 Valentini 的畫集，Dmantegna 的 Joles Cesar 的凱旋以及他自己關於 Cannarval romain的記憶。

第二幕裏古典的「華爾布幾斯之夜」也應以同樣看法。像歌德那種藝術家與自然主義者底造型想像，最能一眼由希臘神話的材料裏，看出視覺上調協的純粹的美麗。再者，歌德創造他偉大詩篇時，不僅由文藝裏汲取泉源，並由許許多多造型的與繪畫的作品引起他的與會。瓶子上或寶石上的圖畫引起關於愚夫和侏儒們的描寫。古董的何蒙古魯士係由亞希勒（Achille）的教師半人半馬怪物希隆的形象。他由羅曼（註三六）一幅畫的感動而表現 Peee o 賽依司姆的描寫係由拉非爾（註三七）的「聖保羅之釋放」。加拉特的勝利，係由伐納希納別墅（註三八）所保存拉菲爾一幅名畫的興會。第三幕裏，在達爾夫（Delphes）地方的 Fesche 所藏包里格奴特（註三九）的繪畫，幫助歌德完成海崙形像的描寫。邦貝的壁畫，使他創成俞福里央。第五幕的死靈形像，係由 Cumes 地方的隱彫。「浮士德昇天」一景，係由他所保存 Lasinio 複製的 Campo-Santo de Pise（註四十）的著名壁畫，以及 Tien（註四一）與 Guido Reni（註四二）的 Assunta，都供給他許多題旨。爲得到歌德希望的效果，他的悲劇應由一位超越的電影導演者，把它導演出來，至少也得一位特殊的佈景家才行。一位天才的佈景家，他知道怎樣安排應有盡有的裝飾，一切由耳所聽到的，現在直接訴於觀衆的眼。

要使二部浮士德完全的成功，還得加上音樂家的協助。第二部開始的浮士德睡眠一景，就是一齣合唱。第二幕裏的假裝跳舞會，就應當有樂器伴演。古典的華爾布幾斯之夜那幾景，需要各樣樂器的合奏來伴演，尤其是那幕海景，需要「漸次上升」的調子來表現。第三幕的大部分，都是歌舞劇的風格。浮士德靈魂向天昇時，是一種微妙的音樂題旨。許多第一流的音樂家如許曼（註四三）或馬勒爾（註四四）（第八交響曲）已經拿它來運用。

其次，大家認二部浮士德是博學的作品，需要廣博的註釋，才可了解。是的，如果沒有相當的解釋，是有許多地方令人莫明其妙。例如，爲要明瞭何蒙古魯士的因緣，曉得一些十六世紀鍊丹者的原理；爲瞭解古典的華爾布幾斯之夜，曉得一些希臘神話；爲求得賽仕斯母或亞娜幾蒙得與泰勒斯的眞義，對於歌德的地質學與生物學說的認識，非爲無益之擧。的確，如果我們對於克比爾時代情形不熟習，對於克比爾那一段插筆就不會理解。註釋的用處，是毫無異議的。然要知道，歌德一點也不是一位博學的詩人。現在我們都知道，「二部浮士德」裏凡關於古希臘的材料，都是歌德單純地由海德里克（Hederick）的「神話辭典」汲取而來，這部書常常在詩人的案頭上。他之特殊的，不在關於古希臘書本上認識之廣博，而在他把意大利與西西利的自然和造型藝術研究後，他對古代世界的認識變成了生動與深刻。由此，我們可以知道廣博的註釋，雖說關於細微地方雖是精確，然對瞭解整個結構與所表現之人性的趣味上，並不是必要的。祇要些許的解釋，就可獲得「二部浮士德」的主要意旨。學識較差的讀者或許有好多細微地方不明白，然這些地方不能阻止他對作品主要部分的認識。很可能，有位讀者他對詩句的瑣碎處都瞭解，但整部作品對他卻是死的文字。

大部分批評家都特別注意這部詩深厚的象徵意味。且許多批評家還責難這部詩僅是一種普遍的教訓，那裏的人物不是人類，而是乾枯的圖案，是表面，而不是有骨有肉的實體。當然，「二部浮士德」的含意，不能把它認是死的文字，而是有一種要得了解與感覺的意義。然不要誤會，第一部浮士德已經是象徵的，十六世紀的魔術師對我們發生趣味的，不僅因他是歷史人物，而是因他具體化了十八世紀「狂飈運動」者與少年歌德自己的精神；一八〇六年的浮士德，象徵的意味更顯明，因歌德把它當作人類的悲劇，或宇宙間普遍的一幕戲劇。我們應當盡力區分「二部浮士德」的象徵，在什麼地方與第一部的不同。或許可以這樣講：在第一部裏，當然也有幻想與象徵的成分，但主要動作的演變是在很近現實的計劃上進行。「獨白」與「復活節」兩段裏的浮士德，馬格里特，馬爾特夫人，華倫亭以及奥伯爾巴哈酒肆的學生們都是世俗的，典型的與特異的人物。我們對他們是熟習的，他們的冒險、快樂、痛苦，都是人類通有的。很明白，二部裏就不是這樣，牠在比較玄妙和人類共性難以捉摸的境界進展。一八三一年二月十七日歌德對愛克爾曼說：「第一部幾乎全是主觀的，它是一部一位有思想有情感的個人作品，所以這裏顯現的明白的陰影，對於人類是有趣味的。第二部裏，幾乎沒有一點主觀的部分，人們在那裏可以看出一種較高超、較廣泛、較顯著、較自由的情感世界。一個人若是不能逃脫自我與有相當經驗，是要使他莫明其妙的」。事實上，「二部浮士德」幾乎整個在現實以外的計劃上演進，在超通俗的時間空間的夢想宇宙裏演變。那裏，如歌德一八三一年對 Riemer 講的，在「通俗」裏的「特殊」，那裏人物時而以通俗的稱謂(皇帝、小丑、內閣大臣等等)，時而是象徵的名字（菲萊蒙、鮑濟斯、林塞 Lyncée），時而是夢境的造物（何蒙古魯士），時而是寓意的人物（苦痛），時而是從神話與基督敎傳說上假借的姓名。第一部裏象徵的含義是直接的與自然的；第二部裏的象徵，就很難用人類的字義解釋，用我們的經驗認識那裏所進展的冒險。

最後，「二部浮士德」被譽爲極高深的哲理與玄學的作品，且有些人總在找尋它的整部或各部分的意義與思想。現在我們重新論斷一下這種探討之正確性。

我們知道，歌德總是反對把他的詩認成哲學的東西。一八二七年五月六日他對愛克爾曼說：

「德國人眞奇怪！以他們深刻的思想，以他們到處尋找和到處引導思想，使得生活的確難過得多。但你要有勇氣走到你的印象，走到創造，走到感動，走到欣賞偉大的事物，你不要以爲在作品裏發現不出抽象的思想，就認爲一切都失敗了。你問我怎樣的思想是要在我的「浮士德」裏具體化的，如我所知道的，如我自己所能講的，『從天上，經地上，直至地獄』。就是這樣的解釋，如果需要一種解釋的話。但那並不是思想，而是動作的行程。人們看到魔鬼輸了他的賭東，看到一個人從苦痛的迷路出來，漸漸走向好的境地。有人說這部詩是敍述浮士德得救的歷史。這是正確的與有用的解釋，可使作品明瞭得多；但這不是支持全部與連接各景的思想。那樣當然很好，如果我願意找一種思想，如穿過這部詩的一根線索一樣，使我在浮士德身上所引入的那末多的幕景，和那末多富於變化的生活，都繫縛上去。概言之，我的詩人態度，不是具體化一種抽象。在我的靈魂裏吸收了許多印象，——千萬種生理的，動人的，肉感的，帶色的印象，如同一種活動想像給我似的；我作詩的目的，僅在給這些印象，這些景物一種藝術的形式，把它們以生動的畫景顯現出來，爲的讓人們聽或讀時，感到同樣我所感覺的印象。如果我要詩意地表現一種思想，那末我很可以寫短詩，那裏容易看出思想的劃一，如在我的「動物的變態」，「植物的變態」和名爲「遺囑」的那首詩。僅有一部結構比較複雜，且有意地表現思想的作品，就是我那部小說Affinités。那部小說或許有點智慧，然我不敢說它是好的！反之，我以爲愈是智慧所不能量與不能捉摸的，愈是好詩」。

由此，看出歌德的主要意思，以爲了解他的「浮士德」與其用思索不如用直覺。進而言之，他以爲拿智慧是一點也不能了解他的詩，因讀者把它看成了一種神秘的光輝。但我們認爲應以雙方面看。第一、他講「二部浮士德」要較一部豐富得多，一切都在「較超越與較崇高的境地」演出。我們超過了中產階級中庸的地帶，那裏的主人翁苦痛地對錯誤的科學作戰，在動搖的苦悶的感情下，不斷地與卑鄙的迷信之國與以魔女的喧噪作粗俗肉感的象徵地界接觸；可是現在的浮士德昇入了高超的境地，那裏人們呼吸着較自由的空氣，那裏的光線是比較明朗，那裏浮士德的錯誤顯出偉大。歌德自比於「一個人在他幼年時，有許多銀的與銅的錢幣，而繼續在兌換，這樣，現在到他青年時的財產都完全換成了一種錢幣」。（一八二九年十二月六日對愛克爾曼講）從此，更顯出這部詩的象徵性，所以它不能像第一部浮士德那樣終於是片斷的，他得在讀者的理智上，給一個更滿意的解答。歌德並不阻止讀者努力用思索和智慧來了解他的詩和發現它的意義。在以心與感覺的直接與自然的直覺之旁，還應以哲學的意義來解釋。

但這種解釋可以用到怎樣的程度呢？很難確切地劃定。人們應該在「二部浮士德」裏尋找「思想」，然以前批評家們似乎把這種意義認得太遠了。擧個具體的例。爲了解何蒙古魯士，第一、應當知道他不是完全由歌德想像裏所產生的玄學本質，而是在十六世紀信徒們心理上就有基礎的造物，且是這時代的學者們很樂意創造的東西。當然，我們不能順序叙述歌德的陸續經驗，與創造這個人物命運的瑣碎動機。但得明瞭這種命運的意義，知道這種光輝的與敏捷的小精靈，他爲進入實際的存在，打破了美麗女神車輪的人性意義。我們還能再進一步解釋麼？我們還可以找出一種抽象的原理，邏輯地註釋這個化學人的每段生活麼？這是可以的，把何蒙古魯士釋爲浮士德走向高超生活的狂熱的具體化。或釋爲人文主義被博學的多烘先生所誤解的象徵，或釋爲海崙之初胎等等。但這些解釋有什麼益處？一點也不重要。註釋者爲滿足自己的意見，提出些奧妙的，可讚嘆的意義，結果把詩人的隱晦愈弄隱晦。但一點也沒有告訴我們他們所說的「思想」，是不是詩人也是同樣的想法。我相信：如果歌德讀了這些關於何蒙古魯士各種假設的解釋，一定發生莫大的趣味，以他的寬容態度，一定把這些註釋譬爲「爲什麼不可」這樣；然可能地他一種也不承認是他自己的意見。我以爲這些註釋的價值，是在令人看到歌德作品在一般人想像裏所引起的反響，或他們給歌德所增加的東西，但與歌德作品所引起的意象上很少或一點不生關係。

現在我們看出了在那種意義和在那種程度，「二部浮士德」被稱爲一部暗昧的作品。

不成問題，它需要讀者嚴肅的與強力的想像來思索。歌德詩是奇妙的大觀，僅是一種綱領式的說明書，我們得用心眼纔能看出它的美麗。另外，這種大觀還需要「了解」，它有象徵的價值，需要強力的猜測，它給智慧一些謎語而讓它費心探討後才可解決。其次，這種思想笨重的大觀，反影着神秘天才的莊麗光輝，那裏歌德顯露了他一生種種豐富的經驗，——這種智慧在其崇高與調協上，如是地生動，同時，在驚人複雜與整一的美麗上，又如是地難與之接近。這樣作品不是一步就可接近的：它不與初次來的人接談，它遠離那些沒有受教育的羣衆，或匆忙的文藝嗜好者之好奇。爲味嘗它，得有耐性的傳授，莊重的迎迓，——如一些人說的：一種虔誠的謎信的猜測態度。經過這種境地，我不相信作品對誠心的讀者，還有不可超越的阻礙。那些細微的困難，已經不費力地被博學的註釋家剷除了，他們已經解決了大部分詩人在作品裏所散佈的隱語。至於內部的主要綱領，主要題旨，主要結構，已經被人發現了其中奧秘與意義。在這種情況下，我不相信「二部浮士德」要比第一部暗昧。第一部是比較容易接近，但因它完成的時間，幾乎四十年之久，人們在那裏發現許多不接連的地方，爲分解詩人的眞意，不免有吹毛求疵之處。第二部是不很易於分析，但它主要部分都在一八二五與一八三一這六年期間完成，風格與韻調比較一致，所以尋求詩人的思想與意向，比較有把握。

概言之，人們對「二部浮士德」的判斷，與人們對老年歌德的人格判斷有相合之點。有些人否認他的價值，祇把他看作「最大的十二輟音詩人」。在他身上見到的，僅是乾燥的競賽主義，冷枯的心腸，衰弱的想像，智慧的膨脹。這些人我不敢相信在第二部浮士德裏，能得到快感。其實，他們以極度病態的眼光，在那裏找到的，當然是這位奧林匹人（註四五）激起他們發怒的錯誤。但那些曾經感受過他偉大人格的蠱惑的人們，那些尊崇這種人格是人類以來之至完善、至敏悟、至調協的人們，在「二部浮士德」裏也能找出內心的、深刻的、唯一的蠱惑。他們欣賞這部生動的作品，如同欣賞一位晚年的蘭伯郞特（註四六），達文西或貝多芬（註四七）之不可比倫的、深刻的、謎語似的作品一樣。在這部作品裏一位莊麗的與強力的天才者，以耐心的、天眞的、嚴肅的態度，表現他超越的心靈，總結他晚年豐富的靈魂直覺。這部人們以永不懈怠的好奇心來分析之「不可測其深淺」的作品，因其謎語的深度而愈覺其堅深，使讀者的興趣也愈覺濃厚。因其詩意的莊麗，與其純潔的美，使味嘗的人也愈快感。我不很知道「二部浮士德」是不是屬於人們所稱謂的「偉大的文藝傑作」。然無論如何，它不是像荷馬的詩，拉菲爾的畫，拉辛的悲劇，或沙士比亞的戲劇那樣的「古典的」。但我相信它也可以供給些第一流天才者的作品所供給的情感，使讀者感到深厚的滿足。祇由這一點也值得來接近它。以下的篇幅，我想把主要批評家的結論作個總結，且努力作一種這部詩的整個註釋。我沒有別的野心，祇是站在讀者的地位，搜集主要而為認識這部大作的必需材料，使讀者易於接近它罷了。

第二章 浮士德第二部的雛形

在什麼時候歌德才決定寫二部「浮士德」呢？很難講。明顯地，歌德時時刻刻都想寫幾段第二部「浮士德」，像浮士德朝見皇帝，海崙的召喚，浮士德與海崙結婚，這幾段在傳說裏已經有，且要寫浮士德的傳說，也絕不能不提這位魔術師的死亡。甚而一七九〇年的「片斷」裏，梅非斯特已經宣稱讓浮士德經過小世界後，要引他到大世界去。自從開始，就有許多證據，證明歌德有意要加入上邊這幾段，尤其關於海崙的。但他一點也沒提過，這時候他的作品已有潛在的形式。如他一八三一年三月十七日給洪保爾特（Humboldt）寫的，像在「浮士德」初稿所寫的那樣，連他自己也不知道將「海崙」一段，安在什麼地方。我們甚而也不確切知道，他這時怎樣結束，將浮士德引到懲罰，抑或得救。缺乏文獻的緣故，我們無法再造繼「浮士德」第一部之後，詩人的想像裏是什麼計劃。

是一七九七年，他才規定第二部的計劃。這時候，歌德決將「片斷」裏闕脫的地方，補成一篇完整的戲劇。事實上，從一七七五年，他就未曾增加重要的部分，因此，對他全部劇作找不到一種清楚與有意識的概念。我們曉得，六月二十三日完成包涵全部劇情的計劃，這裏也包涵現在的最末一部：在這個今日已遺失的計劃表裏，以數字來表示某些題旨，計劃表每頁的頭上，他按着劇情的組織，寫一個與計劃表相合的數字。我們知自二十號到三十號卽是第二部，計劃表的二十號是浮士德朝見皇帝，二十七號是浮士德之死，二十八號是浮士德靈魂的奮鬪等。如是，我們有了文獻的證據，得知第二部開始在詩人想像中組合。這時候「天上序曲」（一七九九——一八〇〇）裏，他對全部詩的新的概觀，勢必使他思考到第二部。現在他所想像的浮士德，已經不是叛逆的巨人，想與地靈平等，並斃死在這種冒險裏；他是一個人，他因對無限的願望而致失足與迷誤，但他的心總想走正道，由於上帝的允許，他在魔鬼指導之下遨遊世界，遨遊中，不斷地沾着罪惡與失望的深淵，但結果總能自解。錯誤了又錯誤，罪過了又罪過，然最後終能自解到得救。在這種情形下，自然不能以監獄的悲劇作結束，被苦痛與悔悟的打擊，浮士德也不能不聽葛萊卿悲哀的呼喚而逃脫。一種結束必須有的。雙重賭注，梅菲斯特與上帝，繼而梅菲斯特與浮士德，業已顯出必然的結論，適合上帝的先見，魔鬼的錯誤與浮士德的特赦。

在一七九九或一八〇〇年，歌德寫了一張稀奇的計劃，現在作爲「棄稿叢刊」一號附在魏瑪版內，那裏以幾行含義曖昧的簡略大綱，指明劇情的主要意思。他以極概要的方式，說第一部

「浮士德」表現一個人生存在個人的享樂，至於第二部應當描寫人在行爲中的快樂，最後昇到創造的快樂。繼而，他又用幾條附錄解釋大綱。第一部裏，個人之生存於享樂，僅以主觀來觀看宇宙，他處一種混沌與半意識的情況中，時時被情慾所苦痛。第二部裏，個人的活動施於外界，施於宇宙之外，他從混沌中走到有意識的享樂，走到美的瞭解。原來的意思，戲劇以「地獄道中之混亂結語」(Epilogue dans le Chaos sur le Chemin de l'enfer) 作結；用「混沌」作地球與地獄的中間地帶。這個觀念，是歌德借彌爾敦（註四八）的，因歌德一七九九年夏在魏瑪曾重讀「失去的樂園」，才有意讓「混亂」作劇情的結束。

我們根據一段極重要的文獻，可將「二部浮士德」在歌德思索中的雛形，再組合成一個大概。一八一六年，那時他失去與一切公衆的接觸，他覺得找不到一部偉大作風的作品，且他自問是否永遠完成不了他的詩篇麼？在「詩與眞」卷四裏，他將以前未完成的作品重新計劃，且想給「二部浮士德」增加幾部分，雖說這部書不屬福郎克府時代。於是一八一六年十二月十六日寫下這時候他所想的，關於這部詩前四幕的整個計劃。不過這段綱要當歌德後來決定要完成詩篇時遺失了，直到歌德文獻館開幕時才行找到。現在作「棄稿叢刊」第六十三號附在魏瑪版裏。這段計劃與定稿作一對照，是很有趣的事。他的想法仍同第一部「浮士德」相同。劇情雖仍有許多幻想處，然大體均在寫實上進展；由這簡短的計劃，我們很容易找出定稿的頭緒：在那裏一點找不出神話的色彩，也找不出象徵或敎訓的成分，這是與定稿比較下的一種特點。爲它是「二部浮士德」的萌芽，和我常常引用的緣故，我把這段的全文譯出來。

『二部的開始，浮士德睡覺。他被象徵的精靈們與好聽的歌唱環繞着，這些歌唱在靈魂上照出榮耀、勝利、權力與統治的愉快，它們調協的言辭裏，實際帶着諷刺意味。浮士德醒了，覺得精神復原，以往束縛他的肉慾與愛情，現在得到了解放。他的精神清淨新鮮到極點。

『梅菲斯特走近他，以有趣的與煽動的描寫，對他陳述馬克希米連皇帝在這個城池召集的奧斯浦格會議（Diéte d'Augsbourg），好像這些事情，就在他們站的窗戶前，而浮士德什麼也沒有看見。梅菲斯特假想從市政府的窗戶看到皇帝與一位太子講話，告訴浮士德他們是在講他，講什麼地方可以找到他，能不能把他帶到宮中。浮士德認以爲眞，由魔外套的幫助，馬上就動身。他們停在奧斯浦格宮的僻靜處，梅菲斯特去探聽消息。但浮士德又變成他以前那樣的難以應付與需求無厭，當他的同伴轉回時，他提出一條奇怪的條件：就是不準梅菲斯特進入廳內，只許他站在門外；且在皇帝面前，不能作任何魔術或幻覺的行爲。梅菲斯特允諾。我們現在看到一個大廳，那裏皇帝在桌旁站起，同太子走向窗邊，就想借浮士德的魔外套使用一下，爲的赴蒂洛爾（Tyrol）行獵，第二日就可轉回召集會議。浮士德被宣召，並受盛大的歡迎。皇帝談到地上一切的困難問題，並怎樣才能用魔術解除它們。浮士德回答的，似乎太理想，太幻想。皇帝不瞭解，大臣們更不瞭解。談話失了秩序，時時停頓，浮士德覺得窘迫，回頭看着梅菲斯特。這位馬上來到他的後邊，以他的名義代爲回答。對話又突然親熱，其他人物也近攏來，每個人對這位特殊的來賓感到興趣。皇帝請求海崙的顯現，得到允許。浮士德出去準備一切。這時，梅菲斯特變成浮士德的相貌，與太太小姐們接談，遂卽被人認爲他是無所不知，無所不能的人，因爲他對這位輕輕一摸就治好了痣，對那位用隱而不現的叉蹄一踢就除去鷄眼，甚而一位金髮少女毫不拒絕他枯乾與衰弱的手指，在她臉上來往摸弄，因爲她親眼從手鏡裏看得他的手經過後，面部的紅色癍點卽行消去。夜裏，魔法戲臺展開。海崙的形相顯現。婦女們對這位美人的批評，使這一景成了恐怖現象。繼而，巴黎斯出現，他所得男子們的批評，等於海崙得到婦女們的一樣。假浮士德參加到兩方面，演出極其有趣的下一幕。

『被召的精靈們顯現，許多重要人物同時顯現。驚人的情形展開，一直到戲臺與精靈們完全消逝。眞浮士德由於三盞燈的照耀，無知覺地顯現在幕後。梅菲斯特很快地逃避，一種憂鬱的空氣籠罩着。

『當浮士德再遇梅菲斯特時，他已在極度的衝動下。他愛上了海崙，他要求魔鬼把她召來，放在他的懷裏。困難發生了。海崙屬於地獄，不過可以用魔法將她召喚。浮士德要達到他的願望，梅菲斯特準備冒險。浮士德對最高美的願望是無止境的。一所曾引起巴拉斯亭戰爭的舊城寨，現在變成了巴黎斯的住處。海崙出現：一支魔指環使她重新變成肉體。她自以爲是從圖魯洼（Troie）到斯巴達去。她到處覺得孤獨，想走入社交，尤其是需要男同伴，因男同伴是她有生以來從不缺少的。浮士德以德國騎士的裝束出現，與古代美女作一奇特的對照。她看見他怕，但因善於獻媚，她漸漸與他親熱，他成爲以往許多英雄與半神的後繼者。他們的結合產生了一個兒子：剛生下來就會跳，會唱，會舞劍。但要曉得這個宮殿有一條魔界圍繞着，只有在這魔界內這些半眞實的人們才可生存。嬰兒不斷地長，使他母親很快活。一切都允許他，只不準他越過這條魔界。一天節日他聽到河那邊音樂，並看到農夫與士兵們在那裏跳舞。他跳過河道，同他們混到一起，與他們打架，殺了幾個人，最後他被劍刺死，守衞兵將屍首搬回。海崙的失望無法安慰，她將指環卸下，伏在浮士德的懷裏；而浮士德所抱的，僅是空的衣服。母親與兒子消逝。梅非斯特裝扮着老用人的形相處處幫忙，他找各種方法安慰他的朋友，最後引起浮士德財富的慾望。城寨的主人在巴拉斯亭戰爭時死亡，僧人們想瓜分宮中的財產，他們的符語解除了魔界。梅非斯特爲增加力量計，供獻浮士德三位助手，卽粗暴者、敏捷者與固執者。因此浮士德力量很充足，辭掉梅非斯特與守衞兵。因戰勝僧人的緣故，得到一批可觀的產業。但是他老了。後事如何，等我們有天把零散的部分，或更淸楚地說：已經寫好的二部斷片整理起來時，對讀者或許就淸楚有趣了』。

這段文獻很類似伐爾克（Falk）一八一六年與歌德談話後的紀錄，再加後來搜到的幾段片斷與草稿，很可以無大錯誤地再繪「二部浮士德」的原始「形相」。這裏有幾種題旨都由浮士德的傳說出發，如浮士德朝見皇帝、海崙的召喚、浮士德與海崙的婚姻與結語。

一　浮士德朝見皇帝

通俗傳說裏已經講浮士德與梅菲斯特以魔術師的資格朝見皇帝。Pupp nspiel 敍浮士德曾以魔術師形相入到巴爾牧（Parme）宮。Volksbuch 說他曾入君士丹丁保，在土耳其的皇帝面前使一條火河流貫着，（這一點引起歌德使浮士德在宮中狂歡節的皇帝前金河的題旨）。浮士德又到過安斯布魯克（Innsbruck），在皇帝卡爾第五（Charles-Quint）前，召喚「萬王之榮耀與火炬」的亞力山大第一。傳說裏又敍述一方面，浮士德曾自誇說他替卡爾第五打過勝仗，另一方面，曾以他魔術師的技術，召喚一大隊騎士，與眞的軍隊一樣的應戰。——很明白地，歌德在傳說裏關於浮士德找到三種遺產，卽浮士德朝見皇帝（第一幕），在皇帝面前召喚精靈（第二幕），與用魔法爲皇帝打一勝仗（第四幕）。

照着幾段意義曖昧的草稿，與一八〇〇年左右的計劃，歌德最初的意思，讓浮士德與梅菲斯特朝見皇帝的，是想從那裏施行僥倖。梅菲斯特扮着宮庭的物理學家，Cagliostro 的走江湖者，遇機的醫生，有時還是天文學家與治鷄眼者，善於言談，諂媚，無恥與有點令人可疑。浮士德扮成一位大風度的野心家，他要獻給政府一個省分，或許他還想藉着梅菲斯特的輔佐奪取皇位。詩人的計劃，明白地想表現兩種相對的性格：一是勇敢的理想主義者；一是現實與懷疑的玩世主義者。浮士德宣稱他以恩愛的心腸，統治僚屬，並信賴人類的良知良能：『人類有極靈敏的聽覺，一句誠實的話，可以引起美好的行爲。人們最易覺到自己所缺少的，且極願意接受嚴正的勸告』。由他的努力，他應當得到他應得的報酬。梅菲斯特却相反，向着懷疑者的虛無主義進展。榮耀？全是空虛：『光榮也不過是曇花一現，英雄與無賴一同被遺忘，皇帝閉了眼，馬上有狗到他墓前拉尿』。人們情願受騙：『如果給他們講些傻話，他們就認爲最高的眞理』，『要想他們對你十分瞭解，只須以嘲笑的態度』，『你只要講得有理，就可保守極秘密的事』。浮士德想行善，可惜他的後繼者作惡：梅菲斯特預先就對他說，他將要慘敗，並將成爲「疲倦與殘廢」。歌德的意向在一八〇六年的草稿裏很明白：『梅菲斯特想極力激動浮士德榮耀與野心的願望。使他失敗計，激起他的虛榮心，說皇帝需要他，並要他到宮裏去。梅菲斯特的意思是要他在皇帝跟前當個傀儡；而浮士德自己有他的計劃，想藉此機會作一番冒險事業。但是他的希望失敗了。皇帝所要求他的，僅是些粗俗的魔術，在不知所措之際，浮士德看到非求助於梅菲斯特不可，使他代替了自己，幫助自己來滿足國王幼稚的好奇心。第二部定稿裏，仍保存這些主要的遺產。詩人並沒有提明梅菲斯特將浮士德引入皇宮後的計劃。然特別敍述走江湖者梅菲斯特，他爲發掘地下的寶藏計，創造一種幻想的昌盛，以紙幣流行國內，於是魔術師浮士德在財神的裝扮下，對百姓與國王所供獻的不是詩，藝術，與高尚的文化，而僅以幻想財寶的惑人視覺，激動他們的貪婪。

二　浮士德與海崙

同浮士德朝見皇帝一樣，浮士德與海崙一段，也是浮士德傳說的遺產。這裏包括兩個題旨，開始彼此沒有關係。第一、浮士德於復活節的第一星期日，在威當泊克（Wittenberg）的大學生面前，召喚希臘美女海崙。第二，是浮士德與海崙的戀愛故事。一五八七年的 Volksbuch 五十七章，敍述浮士德可恥的放蕩生活，他在與魔鬼訂約的第十九與第二十個年頭，要梅菲斯特供給他七位十分美麗的魔女，兩位荷蘭人，一位匈牙利人，一位英格蘭人，兩位蘇亞伯人，與一位法蘭西人，同這些女子過着淫蕩的生活，直至於死。是在訂約後的第二十三個年頭，他半夜醒來，憶起他曾在大學生面前召喚的希臘海崙，他要梅菲斯特給他找來。魔鬼照辦，他被她蠱惑，遂將納她爲妾，甚而一刻也離不開。條約的最末一年，她懷了孕，生一個小浮士德。這是一個奇怪的兒童，他能預言數年以後的事。浮士德一死，母子也同他一起消逝（五十九章）。此一景的意義，隨着浮士德傳說之殊異而也殊異：在十六世紀的敍述者，認海崙爲異教徒淫逸的象徵；由這褻瀆與可咒的戀愛，浮士德使他的罪過達到極點，離上帝愈來愈遠。

如果歌德借用 Volksbuch 關於海崙的這兩種題旨，但女主人翁的性格與德國傳說是不同的。他照古希臘的意思，創造這位譚達爾（註四九）的女兒。

海崙原始生存在拉塞德蒙（Lacédémone）附近特樂波納（Thérapné）地方，在那裏或許是一位特被尊敬的神靈，荷馬（註五十）的紀戰詩沒有誹謗她。她是一位命運的犧牲者：『遮斯（註五一），她說，處罰我們一個悲慘的命運，這樣，我們成了將來人們歌唱的題目』。她是特魯洼戰爭的因原，但海克忒（Hector）與波里謀（Priam）並不怨恨她。特魯洼的長者們也不咒駡她：『是！當然，當他們看見她的時候，我們一點也不報怨為這樣的女人，而使特魯洼與亞希安人嘗受這末久的苦痛，她的臉面簡直像女神』。奥地塞（Odyssee）講海崙又同他的丈夫和好，重新回到舊宮殿，分享梅納拉斯平安的財富，好像戰爭的記憶都消失了一樣。間或她的靈魂憶起以往覺得不安時，國王返將錯處加在神們身上，並證明他的怨恨已完全消逝。——古代紀戰詩對海崙未有好壞的評語，只把她作為命運的玩具。僅後來詩人如兪里皮特（註五二）之流，才寫出希臘人因海崙的行為所引起的仇恨。特魯安（Troyennes）敍述皇太后海苦潑辱駡海崙，而她以詭辯的語辭回答，以及他丈夫假意要審問她，等她回來後要在斯巴達責罰她。「奥雷斯特」（Oreste）裏又敍述她混在黨徒中較她丈夫先回到希臘，為的是避免希臘人的仇恨、輕藐，但在夜間當奥雷斯特與批拉特的叛徒正要殺害她時，由亞波羅的干涉而得救。

大體講來，雖說希臘人對海崙有各種意見，但不是一位不可救藥與罪惡的人物，很可以說她是很可愛與光耀的不朽美女的徵象。這正是歌德研究達爾夫地方 Lesche 藏的包里格奴特繪畫所瞭解她的。他描寫她說：『從她幼年就是尊敬與慾望的對象，她激動許多英雄最熱烈的愛情，她使求婚者們永遠順從：她是崇高、可愛、眩惑與容易得到的。他引誘老年人如同少年人一樣，可使他們解除報仇的武器。以往是血戰的對象，現在成爲勝利之最高價值。……希臘人回想她時，似乎很受迷惑，雖因她不道德的行爲，這裏那裏激起些應受責罰的批評，以致產生些於她不利的故事，或說她受丈夫虐待，或說她應受最大的處罰，但一般地講，從荷馬時代起她總是家庭中幸福的妻子與主婦。經過許多年的爭辯，一切希臘人都應感謝俞里皮特的恩惠，當他將她表現成正當的，因她的行爲是天眞的，且合於美貌與道德的一致性，因這一致性爲高級意識的必要要求』。

在希臘的著述裏，歌德也可找到關於海崙「重生」的各種形式。司太西哥（註五三）的「巴里納底」（Palineido）裏爲海崙辯護計，已經敍述海拉（註五四）的命令讓海美寺（註五五）把她送給埃及波羅特王（Protée），而巴黎斯引領到特魯洼的，僅是她的幽靈。這個題旨又被海羅都特（註五六）應用，他寫的是海崙與巴黎斯在埃及的事，智慧的波羅特王從特魯洼人手又將妻子奪回，並帶回被失去的財寶。後來俞里皮特將司太西哥與海羅都特的傳說聯而爲一，在他的「海崙」裏，講梅納拉斯的妻子被海美寺帶到埃及去，巴黎斯領到特魯洼的，僅係她的「副形」。繼波羅特王之後，他的兒子忒奧克里牧（Théoclymone）一見海崙就引起愛情之火，並想娶她。她不得已避在祭台的脚下。乘此機會，梅納拉斯同海崙的副形被風也吹到埃及；後遇見眞海崙，「副形」遂卽消散。梅納拉斯與他找回的妻子預備逃去，因得忒奧克里牧姐姐忒奧奴愛（Théonoé）的援助，才達到目的。又由底奧斯苦（Dioscures）的參加與引導，他們終於得救。

後來另一種傳說將婦女中之最美麗者海崙與英雄中最勇武者亞希勒連結。Chants Cypriens裏已經講亞希勒想見海崙，亞福羅蒂特（註五七）與忒替斯（註五八）贊助他的意見，但沒有提如何贊助。新近的文獻講，他們僅在幻夢裏成了結合。照亞爾克堤納斯（註五九）所說，忒替斯用柴將他兒子亞希勒屍首舉起，運到勒克（Leuck）島，那裏將他當神敬。有人說他與梅特（註六十）結婚，還有人說與依菲日尼（Iphigénie）。照包沙尼亞斯（Pausanias）所依克羅當（Crotone）與希麥拉（Himera）居民的傳說，海崙作了亞希勒的妻子。照菲勞斯特拉特（Philostrate）所說，潑塞當（Poseidon）依照忒替斯的意思，將勒克島的波濤逐出，使亞希勒與海崙在那裏享受平安的恩愛。最後，照陳奴斯（Ptolemee Chemrns）所述，依佛斯（Voss）在他「神話書簡」（Lettres mythologigues）講的傳說，海崙在極樂島給亞希勒生一個長子俞福里央（Euphorian）以這個名字表示極樂島的富饒；不過俞福里央後來在梅魯斯（Melos）島被嫉忌的遮斯所傷。

將德意志的遺產與希臘的寓言巧妙地一連結，歌德組成海崙的召喚，和浮士德與海崙的婚姻兩個題旨，我們再研究如下。

三　海崙的召喚

德國的通俗傳說一方面講，在安斯布魯克卡爾第五面前召喚過亞力山大第一與馬麗達布爾高尼（Marie de Bourgogne）的幽靈，另一方面講，在威當伯克的大學生面前，召喚希臘美女海崙的絕妙形相。有些傀儡戲把這兩種召喚一次演出，說是浮士德將海崙與巴黎斯在皇帝面前顯現。一段沙克斯（Hans Sachs）的「歷史」，又敍述一位扶乩者的故事，說他在馬克希米連皇帝面前召喚希臘海崙，繼而海克特（Hector），再繼而皇帝的亡妻馬麗·達·布爾高尼。這時候，馬克希米連為情火燃燒，雖有魔術師的勸告，他要奪回他的愛妻，在他努力之下，被召的幽靈從煙氣、爆裂與騷動裏消失。還有，哈米爾頓（Hamilton）的「魔術師浮士德」（Enchanteur Faustus），（歌德讀到此書由於一七七八年出版的米連斯德文譯本），在依利沙白皇后面前使海崙，繼而馬麗亞姆（Mariamme）與克勒奧伯特（Cléopâtre），再繼而美麗的盧斯曼德（Rosemonde）顯現。這最後的一位使皇后如是地迷惑而想再見她。她同她講話，但馬上一聲雷響，浮士德便昏迷倒地。

由這些不同的來源，歌德組合成一八一六年的說明書，在定稿裏所用的主要題旨如下：浮士德扮着魔術師、梅菲斯特穿着欽天監的服飾，作着助手、兩位古代人物的顯現、婦女們對海崙與男子們對巴黎斯不滿意的批評、魔術舞臺與精靈們的突然消失、浮士德的昏迷與觀衆的憂鬱空氣。說明書另外還講一件衆人不滿意的第三次顯現。歌德有一個時期想照傳說的題旨，曾有召喚亞力山大的意思麼？這個很可能，如果我們考察一段以莎士比亞風格的短文，時期為一七九七到一八〇〇年間（「棄稿叢刊」五六號）。這個說明書裏在皇帝與他的侍從前，浮士德所召喚的古代英雄，以及梅菲斯特在各種名稱下所裝扮的（「Alter Fortinhras,」「alter Kauz,」「ertzvester König,」「Alter Schwan」），如果照 Max Morris 的假設，當是克里圖斯（Clitus）的殺害者亞力山大，他來表現他的悲哀悔悟，但他的靈魂充滿着英雄氣與異教性，這樣使皇帝頗不愉快，掌璽官和主教也難爲情。顯明地，歌德不久就捨棄了這個題旨，因爲它僅有枝節的趣味。在一八一六年的說明書裏，已經關於「第三次召喚」沒有詳細的說明。我看不出這段的必需處。不過，我們不很瞭解的，這一景之末浮士德昏倒在衆精靈裏，詩人的不加解釋不知是爲什麼緣故。

四　海崙與浮士德的婚姻

歌德開始把這個題目寫得與傳說的形式極相近。一八一六的說明書裏，是梅菲斯特以魔術使海崙復活，並由魔環給她一種生命，把她安置在萊茵河濱，使她與浮士德發生戀愛，她自覺與「可怕的」、「野蠻人」有別。但因她離不開男性社會和浮士德善於獻媚的緣故，她終於愛上了他。這裏可以看出：海崙還很像 Volkbuch 中梅菲斯特爲滿足浮士德性慾起見，所供給他的魔女。故事的後段，也有中古時代幻想的性質。浮士德得到海崙的恩愛後，即讓她生一個奇異的兒子（即定稿中的兪福里央）。這個兒子死於鬪爭，被聖劍所擊，因他越過了「半實在」們所能生存的魔域。失望中的海崙，將魔環卸下，馬上消逝，浮士德懷裏抱的，不過是失去了的女主人翁的空衣服。

較一八〇〇年以韻文寫的「斷片」還要在先的另一種說明書（「棄稿叢刊」八十四號），與一八一六年的稿子作一對照，其中有很少類似。海崙在她的侍從們間顯現，一位埃及女管家，（在這種裝扮之下，我們馬上就認識是梅菲斯特），她以她是基督徒和曾受過洗，公開地向女主人挑戰。海崙聽到這話很驚異，但埃及女人告訴她曾被携在萊茵河流域的一座城寨裏。海崙自己悲歎她又被女神欺騙，她呻吟她美貌的悲慘命運，自問將來要屬於誰？埃及女慰安她，並向她稱讚浮士德。繼而浮士德出現。她向浮士德表示要回到自己的國度。他回答她那裏的一切的都死了，而她自己也是從仙境找來的。她向他道謝，並過着十分異教徒的戀愛生活。浮士德一方面對她顯示熱烈的同情。如此，這位希臘女將自己獻給了使她再生的人。

這種在浮士德與梅菲斯特的「野蠻人」與「北方的」環境中，使希臘美女顯現的題旨，在詩人想像裏生出不可抵禦的力量。一八〇〇年九月初，他爲尋找幽靜而到依愛娜（Iena）暫住時，靈感忽然衝來，七月十二日他寫給席勒說：「海崙現在眞正顯現了」。九月十二與十五間，繼而十二月二日與八日間，歌德在日記裏記着他在寫海崙的結果，產生二百六十五句美麗的詩，即是定稿裏八四八〇到八八〇三句的主要部份，如今「浮士德」好的版本中均附有此一段落。

這一段與以先許多的草稿作一對照，可以發現一些有趣的歧異。第一、海崙故事不再是浪漫的與幻想的，而是在「半眞實」的世界裏進展。詩人在觀衆前召喚的古代海崙，是她自己重返實際的生命，如同希臘悲劇裏表現的主人翁一樣。以高尙的與調協的三脚韻，不是用日耳曼的Knittelvers。仍然在希臘地界走向她斯巴達的宮殿，不是被攜帶在萊茵河邊的城寨。梅菲斯特爲使女主人翁歸到浮士德的懷裏，不像先前的說明書裏那樣，扮着埃及女管家，而是扮着神話上可怕的福爾基亞德。使海崙鑽入戀愛漩渦的原因也變了：她先由想像的懼怕不敢親近浮士德；梅菲斯特對她講，梅納拉斯決定將他憎惡的妻子犧牲給神靈們，爲避免恥辱的死，海崙只有一條出路，逃到保護她的野蠻人那裏去。

五　結　局

極端地困難，要想說明「浮士德」結局的確切雛形。詩人很早就對悲劇的最後幾景加以思索，且曾改了幾部分，這些從文獻裏可以知道。一八一五年八月三日，當布瓦塞雷（Boisseree）問及劇作的結局時，歌德回答說：「這個，我不對你講，且也不能對你講，但一切都已準備好，且已完結。十分成功，雄偉，開一最好的紀念」，我們對這句話不要太認眞。據我所知道的，結局在一八一五年仍然離完成還很遠。第五幕的開始（非萊蒙與飽濟斯一段）與最後一景的浮士德昇天，確實屬於最末的步驟。是這些媒介景，即「半夜」，「宮殿的大廳」，「埋葬」，或許完全完成，至少已經起草。或許他開始寫「二部浮士德」的幾年間，就是說一七九七與一八〇〇左右，曾加以部分的修正。在這初步工作，即令保存幾段草稿與斷片，然已不是原來面目。

經過一八二五年歌德再修正第二部裏第五幕後，劇情已大為改變。如此，能以說明結局是怎樣漸漸地在詩人的心靈裏組合麼？

依照布爾達克（Conrad Burdach）極精密的猜度，是摩西律法的傳說，供給歌德結局的主要題旨，這是很久一七八一年的事。這個假設的根據是一七八一年六月二十一日歌德給他的友人少年畫家穆勒（Friedrich Müller）的信，因穆勒寄給他一幅畫，表現着聖米塞爾（StMichel）為奪取摩西的屍首與魔鬼鬪爭。「兩位精靈爭摩西的屍首這個題旨，歌德說：是猶太人愚鈍的寓言，既不含人性，也不含神意。「舊約」裏我們讀到摩西受上帝給他指示聖地後，即死了，且被上帝秘密地埋葬，這是有意義的。但如他所表現的，一個人快停止了思索上帝的恩惠，生命的呼吸快離開了他，神聖的幸福仍然在他額前閃照，被魔鬼的脚踐踏着，我願望天使快些來，接收這具靈魂就要離去的信徒的肉體。如果想表現這個題旨，以我的意思，除非將聖者表現成在靜坐的神態下，兩眼充滿溫柔，視着聖地，天使們榮耀地擧着他，因「上帝將他埋葬」（Le Seigneur Tensevelit）一語，給我們伸開了最光彩的希望。這樣，在畫幅的一角，再顯現着黑翼的撒旦，兩手未曾受上帝的聖油，來回在聖者的四圍遊散，注視有沒有什麼可以攫得」。——我看不出被歌德重繪穆勒的這幅畫，可以作為「浮士德」結局的根據。浮士德之性格與摩西的性格之間，布爾達克當然可以找到些類似；但仍有多少的不同，且如是重大的不同！魔鬼與天使爭死者的靈魂，為表現最後審判之最通俗的傳統的題旨，我們看不出為什麼歌德必須借這種「猶太人愚鈍的寓言」的緣故。甚而布爾達克假設的證據我也認為太薄弱，不足以作一切論證的依據。其他批評家，由浮士德達到他發展的最高點，想歌德或許在佛雷特里克第二（Frédéric II）的性格上找到他的模特兒。佛雷特里克第二死於正享榮耀時的一七八六年八月十七日。或許歌德曾羨慕過這位普魯士王，在拿破崙未出現以前，可以把他作為超人的意志力的結晶，偉大主宰者的象徵。前半生過着勝利，喜戰的，「不道德的」生活，成熟的榮耀時代變為和平的，建設的廣施恩惠者。或許有個時期歌德想在浮士德裏給他一個位置，第二幕皇帝面前召喚的，以他代替傳說的亞力山大形相。或許佛雷特里克晚年生活的奇異的活動力，如復興破壞後的波美樂尼（註六一）與馬池（註六二）一帶，如開疎維司圖爾（註六三）附近低窪地帶的運河，如新獲地的殖民，供給一些歌德在結局時所描繪的浮士德的特質。批評家仍可說歌德曾借 Vie de Franz Balthazar, Schomberg V. Brenkenhof 一書許多瑣碎的事情，此書出版於一七七二年，他的藏書室裡藏有此書。這本傳記裏，作者特別敍述布郎康何夫在一七七三至七四年，受佛雷特里克第二之命，在瓦爾河（Wartha）與納柴（Nethe）河一帶所作乾田與殖民的偉大事業。尤其重要者，為開通布拉（Brahe）與納柴間三十六基羅米達的運河，使維司圖爾與奧特（Oder）的盆地彼此連絡；且因國家對工作如是地熱烈推進，以致千五百個工人死於其間。這些特點——低窪地帶的殖民，運河的開導，皇帝的無耐性，工作的急進，人民的犧牲，——都可在「浮士德」後一幕找到。然這些浮士德與佛雷特里克第二的類似完全是表面的，對我們尋找結局的雛形一點也沒有用處。

近來有人以一種精密的與富誘惑的假設，想再造歌德留居意大利以後，關於「浮士德」末一幕在想像中的雛形。我們知道，一七八八年三月一日他遊意大利時的一封信裏，說「浮士德」的計劃已經於二月的末一星期在羅馬起草了。但他沒有幾天就要離開這座不朽城的時候，他去參觀聖路加美術學院（Academie des Arts de St. Luc），看見一幅獻給拉菲爾的畫，表現一種大家都知道的傳說，就是聖母親自降臨在這幅畫所繪的聖路加前面。這幅畫給歌德極深的印象，他在三月十三日將他在此畫前感受的愉快，寫給公爵奧古斯特（Duc Chasles Auguste），並於五月二十三日在米廊（Milan）又寫給公爵，神秘地宣稱他要「繪一幅聖母的形相，因她在羅馬給他顯示了奇蹟」。誰是這位含義不明的聖母形相呢？照海爾次（Herz）的推測，在聖路加學院的畫幅前，聖母的形相能以引起他的視覺的爲格萊卿，所以他將此作爲「浮士德」的結尾。批評家引起了許多證據，使這個假設成爲可以贊成的。

第一、他注意到神化的題旨在歌德精神裏活動。這時期，詩人給我們表現愛格蒙特要上斷頭臺時，他的愛人克拉卿（Clarchen）在自由神的形相下顯現。或許在同一時期，詩人將天上女神的顯現來完結「藝術家的神化」，此書應與一七七四年起草的「藝術家的廟上拜香」爲同時作品，歌德在羅馬曾加以整理。——另一方面，歌德在許多次的補綴裏，「浮士德」一詩需要格萊卿「變形」的題旨：因此她時而在第四幕的開始，時而在第五幕的開始顯現。第一部浮士德在一八二九年寫的一景裏，歌德以象徵的形式表現上天對罪人的赦免，將格萊卿在結局時由雲彩將她昇起，同聖母昇天一樣。很可能，歌德在羅馬思索「浮士德」計劃時，也如作「愛格蒙特」一樣，以在聖母形象下的愛人之來臨作爲安慰，來結束他的詩篇。

不過此時這個題旨在一八三一年的詩裏，尙無什麼意義。歌德在他的古典主義成熟期，無疑地，他既不將浮士德認爲是一位失敗者，更不認爲是罪人，而認爲「甚而在死亡中都要得勝」的英雄，在結局裏當然要完成他的人格。詩人已經消除了他少年時代悲劇的厭世主義。葛玆仍在失敗與失望中消滅。繼他而後的愛格蒙特也是在失敗中死亡，但他的死亡給國家帶來了自由，他爲自由而犧牲了自己的性命，所以他的死亡留着神聖之光。好像浮士德同葛玆們一樣，也應失敗與消滅。這時候的結局在歌德心目中仍然很單純，也無曲折，不能變爲最後的定稿。最後的神化性僅有裝飾的，而無宗教的價值；聖母形相的格萊卿是結構上需要的神話，而不是神秘的直覺。下邊我們就可看到浮士德得救的問題，怎樣漸漸地變爲複雜與深刻。歌德在詩篇末尾召喚傳統的聖母形相，對苦痛的人類拋散一種同情的眼光，或許在給他深刻印象的聖路加學院畫前已經產生了。

只照一七九七年「棄稿叢刊」一號裏作爲「浮士德」末尾的「混亂的結語」，我們很難想像它到底是如何情形。我們可以從一七九九年他偶然讀到的彌爾頓「失去的樂園」，猜度他當初找到的意象。彌爾頓將「地獄」與「地球」中間設立一個「混亂」地帶，撒旦往地球的道上一定得經過這裏，罪惡與死亡使從地獄到地球方便計，在這上面築了一架寬橋。——好像歌德重新應用彌爾頓「混亂」的概念，但他將原旨大爲改變。事實上，「混亂」讓他用來，另有一種特殊的意義。我們曉得浮士德稱梅非斯特爲「混亂的奇異兒子」；並且梅非斯特解釋自己爲「以前曾爲全體的部分的一部分」。這樣說來，歌德的意思或許認「混亂」爲原始宇宙之一部分，就是說光明與黑暗未曾分離以前的情形，那裏從人生裏「再吸收」各種的生命與形體。但歌德後來不讓浮士德墮入地獄時，遂將這個題旨安在結尾。我們還記得照歌德的初意，引浮士德得救的，既非「享樂」，又非「行爲」，而是「創造的愉快」。爲給這種意思一種戲劇的形式，歌德使浮士德與耶蘇相遇，耶蘇在釘十字架與昇天之間，降到地獄門前的蘭浦(Limbes)爲解救罪人。以「混沌」中或「蘭浦」中的結語，應同「天上序曲」一樣，也在一七九九年寫成。上帝與梅非斯特的對話，其賭金爲浮士德行爲的結果，今以浮士德與耶蘇的對話，應該確定梅非斯特的失敗與浮士德的得救。

六　歌德停止工作

從此，我們可以看出「二部浮士德」的雛形，是由一八〇〇年決定寫「海崙」一景時，歌德纔注意全部的題目。我們也可以看出有時因題旨的困難，而暫行停止。從他給席勒的信裏，我們知道將浮士德與海崙一段爲「最高點」，這裏應當「從各方面都可看得見，且也得看見各方面」(一八〇〇年九月二十三日)。他又寫給席勒說，他要實現「野蠻與崇高的綜合」，換言之，日耳曼主義與古代的綜合。歌德覺得這種企圖有許多困難，他寫給朋友說(一八〇〇年九月十六日）：「你的信給我的安慰，可以知道「純正」與「奇特」的綜合，很可能產生一種詩的怪物，但不見得都要失敗。由我經驗所確知，這樣混合物時時引起我奇異的發現，而使我頗感樂趣。我很想知道半月後一切都變成了什麼樣的形相。不幸，這些發現的廣度與深度一樣，使我終日不安，如果能使我有六個月的安靜，那這些發現一定使我眞正幸福」。照詩人已經與否給主要部分以生命與戲劇的趣味，可以決定悲劇全部之是否可以實現。然歌德決定要寫作。席勒因熱烈的讚賞，盡量鼓勵他工作，他以成熟的技術召喚復活的海崙形相，同她的侍從們一起回到斯巴達宮準備犧牲的洗禮，然因兇惡的福爾基亞特的顯現而擋住去路，使她驚慌地後退。但這時候，詩人爲適合他原始的意見，由扮福爾基亞特的嘴，使海崙知道她所在的地方，不是希臘的神聖土地，而是野蠻人的萊茵河流域。因而鏗鏘的三脚韻之後，得重新繼以沙克斯的 Knittelvers，古代的崇高之後，繼以梅菲斯特的無恥的諷諫與滑稽。歌德自己也承認這一段爲「諷諫劇」：在這段斷片的紙夾上面，他將題目這樣地寫：Helena im Mittelolter. Satyr-Drama. Episode zu Faust。這樣忽然將韻調改變，將就要成功的美麗畫景，轉爲做作鬼臉的漫畫，使他極度拂意。有時候他自問，如他給席勒寫的（一八〇〇年九月十二日），他這樣不是以前三年計劃之解放的普羅梅特的風格，將「海崙的旋里」不能寫成嚴肅的悲劇，而以與浮士德全部要完全獨立麼？他自己不能決定。他更不能決定以原始意向來繼續「浮士德」。因此，他捨棄了這部分，並停止了他的計劃。

第三章　二部浮士德定稿

有二十五年期間，「二部浮士德」都在睡眠的狀態。當然，歌德沒有一刻不願完成它的意思。第一部出版的時候，他就希望二部不久也可出版，他對歷史家呂黨（Luden）宣稱（一八〇六）：全部雖未修正，然已組成。一八一五年他就沒有以前那樣的自信：他雖對布瓦塞雷（八月三日）說「大部已完成」，但他承認得完全再寫。難點卽在這裏，他改變了態度，他現在所寫的與其他部分不甚調協。一八一六年，我們在上章曾看到他這時想像中的計劃（十二月十六日）。一八二二年當他預備刊行定稿時，自問能不能將浮士德已寫部分，都行付印。一八二四年八月，歌德將「二部浮士德」的計劃，插入「詩與眞」卷十八，因這時他擬繼續寫作。幸而，這時候他可與新友與知己的愛克爾曼，互相商討出版的問題。他與愛克爾曼來往是從一八二三年起。倘若不是愛克爾曼鼓勵歌德，那「二部浮士德」與其他許多未完成的作品，將永遠埋葬在「回憶錄」

末卷的墳墓裏。愛氏能感覺出這段計劃的特殊價值，并認定歌德有把它實現的能力，盡力鼓勵他進行。一方面，由他的懇切鼓勵，另一方面，也因詩人想將第一次出版的全集裏，加入竣稿的「海崙」一段，不能不把「二部浮士德」完成。由於他，歌德於一八二五年二月二十五日七十五歲的時候，突然決定再從事他的劇作，直至一八三一年，他的八十二歲以前才完成這部傑著。

從一八〇〇年他直接著述海崙一段（第三幕），一八二五年和一八二六年完成、一八二七年以「Helena, Klassischromantische Phantasmagorie Zwischenspiel zu Faust」的書名出版起，我們考察一下，這二十五年間，工作在歌德思想裏是怎樣進展。歌德之不得不停止工作，因爲他太一步一驟地跟傳說走；然依照傳說，用魔術復活海崙的，爲梅菲斯特：這樣產生兩重困難，一方面女主人翁降到魔女的地位，另一方面全段都變成不實在或半實在的性格。這兩層，都與歌德之讓浮士德與海崙結婚的象徵意義，卽浪漫的日耳曼主義與古典的理想主義結婚的意義不調協。現代讀者既不能瞭解浮士德如何願意獲得一位魔術所召喚的靈魂，也不能瞭解北方魔鬼能有復活眞正古代女主人翁的本領。一八二五年頃，歌德確切地看到了這種不可能性。並且他瞭然如果想逃脫這樣困難，只有一條路。古代傳說裏曾有兩個女子從地獄回返生命，卽兪里底斯（註六四）或亞爾塞士特（註六五）。浮士德得再做奧爾芬與海拉克賴斯的事蹟，纔能代替梅菲斯特的手將海崙重返生命。但這樣非將古代傳說大大地改編不可。此時歌德的成功就在這種改變；兩段重要的「棄稿叢刊」九十九與百二十三號，爲他一八二六年要印行「海崙」一幕時所寫，使我們知道工作怎樣漸漸地在詩人精神上進展。因我在此書內時時要參考這兩段，所以我將全文譯下。

第一段是一張表，它有兩種手稿，其一為一八二六年十一月九日的。它好像是繼續我上邊譯的一八一六年的說明書，這段說明書應縮為六節，所以下邊的表從第七節起。

七——浮士德順着公葬地的牆躺着。做夢。格萊卿與海崙的幽靈在天空顯現。

八——浮士德對海崙的情愛不可制止。梅菲斯特設計各種方法安慰他。

九——華格納的實驗室。他在製造一個小化學人。

十——其他的分心與遁詞。

十一——黛沙里的古代華爾布幾斯之夜在法爾撒路斯舉行。

十二——愛利希多做些榮耀的事業，於是愛利希多尼烏斯與她往來。同類字與象徵的親屬處在這兩個人物中間。

十三——梅菲斯特處在古代神話奇異的造物裏，好像在自己家一樣。

十三乙——希隆、史芬克斯、希美里斯、格列普斯、希雷羅斯、特雷當與耐萊德、果爾崗們葛雷。

十四——梅菲斯特與安尼渥，他因她的醜陋戰慄，但他要與她爭噪時，他反感覺愉快。因她著名的祖先與她高尚的影響，他與她聯絡。大衆的條約沒有什麼重要，秘密的條約最有效力。

十五——浮士德達到了希比勒的集會地。重要的對話，時機適巧。Tirpsias 的兒女曼都。

十六——地獄的門打開。懇求普羅塞賓。

十七——依普羅特希拉斯（註六六）的前例，亞爾塞士特與俞里底斯被召喚。海崙自己已經重返生命與亞希勒結合，住在勒克島。

十八——如此，海崙重回到斯巴達，當作一個活人接到梅納拉斯的住宅與新的求婚者結合，因他知道怎樣迎合她的心理。

第一段爲一八二七年公演「海崙」一幕時，詩人爲使劇情容易瞭解起見所作的說明書。第一篇說明書很短，日期爲六月十日；第二篇比較詳細，日期爲一八二六年十二月十七日。這兩篇歌德都沒有刊印。不過他將第二篇略加修正，作爲開端語印在 Kunst und Altestum 一書裏。我們將第二篇題爲「海崙」的前題（「棄稿叢刊」百二十三號），翻譯於下。

海崙　浮士德的間幕　說明書

浮士德的性格，近代演化的水準將他從古老與粗野的通俗傳說時代，表現成一位不能忍受有限度的地上生活，且在地上處處覺得不適意，獲有最高的科學知識，與最美妙的享受慾，以致在地上一時也得不到滿足；這種精神將各樣知識試探過了，而結果總是增加苦惱。

這樣意志與現代人的如是類似，所以許多作家想以此作爲題旨。我所用的辦法獲得了贊助；許多名人曾思考我的作品。曾給本文加以注釋，我當然對他們感激。但我很奇怪那些想繼續或完成我的斷片的人，不能將第一部裏進展的中庸場面提高，並且不能將這樣人物引導到高尙的境地與超特的環境。

我起初寫的幾段總是依着這種意思；這種意思使我不時地繼寫幾段，但我絕不公開地講明我的意志，祇是暗地裏希望我能照着這樣意志完成作品。然現在要刊印我所企圖的一切的時候，再不允許保守任何的秘密；反之，一點一點地以斷片的形式，將我所寫的表現給大衆。

此所以我決定馬上把像上邊題名的短劇獻給大衆的緣故。這篇短劇自身是完整的，應把它插入「浮士德」二部。

爲塡補第一部的悲慘結局與希臘美女的顯現間重大的缺漏，一種解釋想是受人歡迎的。古代傳說裏，——傀儡戲裏也一樣——說浮士德爲滿足他橫暴的慾望計，向梅非斯特要求希臘美女海崙。這位略爲拒絕，終於滿足了他的意向。我們決不能在我們的劇作中把這段極富意義的題旨抹掉，我想在這裏講明我們爲何必需完成這段工作，並怎樣想法增加這段題旨。

皇宮節日的機會，浮士德與梅非斯特受令召喚幽靈，雖不甚願意，然皇帝的懇求，他們始顯現了海崙與巴黎斯的形相。巴黎斯出現，所有婦女們都着了迷，男子們則盡力攻擊，想冷却她們的熱情，但終歸無效。海崙出現，男子們失了靈魂，婦女們則吹毛求疵地攻擊，她們譏諷她的脚步笨重，面色鉛白，尤其以她的傳說上不甚名譽的事誣衊她。浮士德被她崇高的美所感動，敢於排斥要吻她的巴黎斯；一聲雷響使他倒到地下，一切的形相都行消逝，大的騷動結束了節日。

浮士德經過長的與憂鬱的睡眠後，回復了生命。在這睡眠時期，他的夢境以觀衆可以看見的形相顯現着。他的願望極大，完全沉迷在他所見到的崇高的視覺裏，逼着梅菲斯特要獲得眞的，這位不願意與他素不相識的，甚而在那裏要與冷淡的古典地獄妥協，所以他用屢試屢驗的方法使他的主人分心。這裏有許多事情值得我們留意；最後，他爲欺騙浮士德增加不已的無耐性，他領他去看博士與大學教授華格納。華格納正在實驗室發明他最高的榮耀，就是快要完成一個小化學人。

這個小化學人遂卽裂破生產他的發光彎曲蒸溜器，現出一位敏捷且構造精妙的小矮子。人們以神秘的方式述明要製造他的好處，他馬上就顯出他的能幹。他知道整個宇宙的歷史，他能說明從亞當出世以來，人類與太陽、月亮、地球、星球的經過。爲擧例他所知道的起見，他說此夜正合法爾撒路斯戰爭的時間，那裏凱撒與彭沛（Pompée）兩位尙未睡覺。這種說法引起了梅菲斯特的反對，他以本篤會僧侶的權能，否認戰爭並不起於此時，而是以後幾天的事。有人對他講魔鬼沒有權柄依據僧侶的話。但他固執地要保有這種權柄，爭辯成了不可解決的事情，如果小化學人要不供給新的證明的話。以他廣博的神話歷史知識，觀察出在這同一時候，開始了古典的華爾布幾斯大會，這個會從神話的時代起總在黛沙里擧行，這個會實際上也就是法爾撒路斯戰爭的原因。四個人都決定往那裏去，並且華格納雖在離別的匆忙中，還不忘記帶一個極乾淨的玻璃瓶，爲的是這裏那裏可以搜集小化學女人的必要原素。他將玻璃瓶裝在左邊袋內，小化學人裝在右邊的，於是都登上魔外套。一羣蜂指引着歷史上的地理應飛行的地方，來代替裝在袋內的小化學人的口述。藉着極大速度的飛行外套，在快要落的日光下，終於達到黛沙里平原。不過因爲速度太快，以致他們不能搜集他們需要的原素。在那裏的荒野裏，他們最先遇到愛利希多，她正在貪婪地呼吸地上散布着屍首的不可消散的臭氣。同她在一起的，爲愛利希多尼烏斯，這兩位人物的血統關係，祇由同一字源來證明，至於遠祖關係，就不可考。可憐她兩腿殘廢，時時她得把他抱在懷裏。加以這位怪兒對小化學人的熱愛，她也將這位抱到懷裏，梅菲斯特看到這樣，極不客氣地批評。

然浮士德向一個蹲在後腿上的史芬克斯問些沒有完結的難解問題，而所得的答案一樣也是難懂。看守財寶的格里豐，在那裏以同樣的姿態，時而加幾句一點解決不了問題的言辭。抉剔金子的大螞蟻也參加在他們一起，結果使問題更顯混亂。

這時候才能漸漸衰弱，意義也變得混亂。安普斯榮耀地來參加大會，將驢頭豎起着向前走，因他的常常變化，引起在這裏的生物們也在變形，至少是無恆性與不常久。

史芬克斯們，格列普斯們與大螞蟻們相互地、繼續地出現。繼而，我們看到古代各種意義的妖怪，Chimeres, Tragelaphes, Grylles 翻來覆去地顯現。間歇時，又有一羣各色各樣頭的蛇。一些 Harpies 如同蝙蝠一樣在飛，在鑽。Python 蛇也出現了數次，尖嘴蹼足的 Stymphalides 像箭聲一樣聲聲地在吹叫。突然希雷納斯們帶唱帶鈴鑾的儀仗，像一片雲彩似的昇起，後來跳入倍乃（Péncé）河裏以極大聲音在洗澡，在吹叫之後，棲息於臨河邊的樹林中，唱着極入耳的小調。再繼而，是 Nereides。Tritons們，因爲他們的形體關係，雖說離海甚近，不得參加這個盛會。因此，他們很誠懇地請求全體都到他們近處的海裏與灣裏，島裏與海邊遊玩。一部分的羣衆接受了這種富誘惑性的請求，都浸入到海裏。

我們的遊歷者逐漸與這些精靈的嬉戲習慣，幾乎沒有注意到在他們四周發出的這些噪鬧。小化學人溜到地上，從腐土中抉出許許多多發燐光的微塵，這些微塵有的放藍光，有的放紫光。他將它們小心地裝在華格納的玻璃瓶內，爲的製造小化學婦人。但當華格納爲近於考察它們起見，把它們激烈地搖動時，於是彭沛與凱撒的軍隊紛紛出現，希望或者能重新據有他們各人的原素，而再眞正復活。可是它們獲不到它們非精神的肉體原素，因爲這一夜的風力很大，使它們不斷地彼此相撞，幽靈們聽各方面傳說，說是構造它們大羅馬的原素，很久就分散在全空氣裏，並被搜藏與改變成千千萬萬的形態。

騷亂並不因這一段插筆而稍減，不過一時間停止，因現在的注意力都集中到廣大的平原。那裏開始在地震，繼而土地高擧，造成一列山脈，高達司古圖沙（Scotusa），低入倍乃河，甚而將河流隔斷。我們看到安斯拉德（Encelade）的頭與兩肩從海與地下伸出，在這個莊嚴的時候他也使自己成名。在暫時的煙火中，許多地皮起龜裂。自然哲學家沒有錯過這樣機會，泰勒斯與阿那克薩哥拉斯熱烈地討論此種現象的問題，一個說一切的變動都由水與池沼，那一個說一切都由地心火而產生，兩個人在喧囂中討論不決。兩個人都引證荷馬，都以古往今來的證據作說明。泰勒斯即令以口如懸河，如噴泉，如洪水的教授辯才，也是無效；阿克拉薩哥拉斯以他粗野的氣質，辯論更加激烈，他預言不久就有石雨從月中降下。大衆以爲他是神仙，於是他的對手就不得不退到海邊。

尚未結實與固定的山峽與山頂，湧出許多龜裂，Pygmées 們佔據在彎曲的與將上身支在兩肘的巨人的肩臂上，他們把肩臂當作跳舞與玩耍的場所，一隊無數的鶴環着巨人的後腦與髮間翱翔，好像這裏是不可穿越的森林，宣布盛會閉幕前一種極有趣的軍人遊戲。

人們爭着來表現他們的特長，且有些人同時在表演。梅非斯特趁此機會與安尼渥相識，她的極端醜陋，並未使他失掉鎮靜，不過使他發些無禮貌與刺心的驚歎語。然在他考察了她的遠祖與她的權勢以後，他反而回轉來求她喜悅，他與她和好，並成立一種聯絡，這種聯絡，在表面上看不十分重要，但背地極值得注意，且關係很大。浮士德呢，他則走到鄰山的居民希隆跟前，並漸漸與之熟識，與這位典型的教育家，討論教育的問題時，雖不是間斷，然關於拉彌愛的話語時時在希隆與浮士德的口裏出現。這是些異常可愛的造物，金栗色的、棕色的、大的、小的、纖弱的、或豐滿的，時而說、時而唱、時而走、時而跳、時而跑、或時而以手作姿態，這樣即令浮士德對它們沒有得到極美好的印象，然也不能不受它們的誘惑。但這位不可動搖的老教育家希隆，他想給他的新朋友解釋他使學生著名的格言，他敍述亞爾果諾特們的歷史（註六七），最後以亞希勒的故事（註六八）作結。然當這位教育家總結他的教育結果時，他頗覺不快，因爲人們所行所爲，好像未曾受過教育一樣。

當希隆知道了浮士德的願望與意向，他頗爲愉快，因爲他又遇見一位喜歡不可能的事的人，這種人，是他常常對後生們讚美的。同時，他就領導與幫助這位現代英雄，將他背在他的寬肩上，穿過倍乃河所有灘頭與石堆，左邊望着拉里斯（Lerisse）城，告訴浮士德那裏是馬賽都安的薄命王陪爾塞（Persee）臨逃時喘氣的所在。他們落到奧蘭姆皮山的脚下，遇到西比勒的迎神隊，其數目在十二位以上。希隆講述前頭過去的幾位，好像是他的舊相識。他將他保護的人託給了 Tiresias 的聰敏智慧的女兒曼都。

曼都告訴浮士德地獄之路馬上就開，這時正是山要裂開，爲許多偉大的幽靈們行走。因這種恰巧的機會，他們兩位靜靜地走向陰間。忽然曼都用她面紗將她的保護者遮蓋，並把他推到路邊的山崖裏，這樣，他懼怕得連氣都不敢出。不久，當她取掉面紗時，她解釋她這樣小心的緣故：因爲果爾崗（註六九）的頭往隘道去遇見了他們。這個頭世世代代在長，普羅塞嬪讓她在節日時巡遊平原，因爲幽靈與妖怪看見她就懼怕，且馬上就逃遁。如是能幹的曼都，亦不敢觀看她。如果浮士德瞥她一眼，馬上就要消滅，連肉體與靈魂都永遠不能再在全宇宙裏找到。他們終於達到普羅塞嬪（註七十）的宮殿。那裏擠滿了無數的形相。眞是千載難逢的良機，浮士德進到皇后面前時，當作奧爾芬第二那樣的歡迎；但他的要求，似乎令皇后感得奇異。曼都代他懇求的言辭，當然極富深意。她開始引證以往的故事，提到賜給普羅太希拉斯，亞爾塞斯特與兪里底斯的寬大恩典，海崙本人，也曾經得過允許回返生命與亞希勒結合，而得到愛。皇后聽到這些言辭，尤其聽到最後的結語，使她感動得流淚，允諾了他們的請求，並對三位審判官講明此事。於是他們飲了遺忘河（註七一）的水，將已往極爲深刻的記憶都行忘掉。

在那裏他發現了以往曾受恩典回返生命而祇准住在勒克島的海崙，這一次同樣也有限制，祇准她回到斯巴達。回返生命後，她應當住在想像中的梅納拉斯的住所，那裏這位新的求婚者，可以在她易變的精神與易接受的靈魂上，發生印象且得到她的恩愛。

這段間幕插在這裏，不成問題與主要的劇情是連接的；但爲解釋後來的題旨，我們暫時將它獨立。

這篇簡短的說明書，應當付給大衆作爲詩篇之裝飾，它可暫時作爲「浮士德」裏的「古典的浪漫的」間幕「海崙」一景的解釋，此是值得讀者瞭解與認識的。

一八二六年，十二月十七日，魏瑪。

從這段文件的光明，我們看出傳統的意義漸漸地在歌德的想像中改變，現在來看這種改變的層次。

（一）不是梅菲斯特而正是浮士德自己使海崙復活，他進到死人國尋找她，同奧爾芬爲救兪里底斯到貝爾塞封（註七二）的王國一樣。

（二）從此，就得述明浮士德進入地獄的情形。爲解決此等問題，歌德想像出古典的華爾布幾斯之夜，這是一種古代神話的大集會，等於第一部裏魔鬼們大集會。浮士德向貝爾塞封的懇求可以作爲這種可怕或奇異人物們的大觀的結局。

（三）進而，述明怎樣將這段新題旨安插在浮士德的活動裏。梅菲斯特在第一部裏曾經引浮士德往魔鬼集會的地方，但他絕對想像不出還有古代神話集會的存在；因此，又加入何蒙古魯士，歌德想像出華格納在他的實驗室內，製造一個化學小人，這化學小人爲中古時代通俗的傳說。何蒙古魯士曉得古代集會的日期與地點，且可以用梅菲斯特的魔外套引浮士德及其同伴到那裏。

（四）不知不覺地，華爾布幾斯之夜的題旨在擴大。一八二六年的大綱中，僅是些希臘神話人物的名稱，但在「海崙前題」內，歌德藉此表現他對地球成因與主火主水學說的意見。另一方面，「海崙前題」裏僅略爲提及古代集會在海邊舉行一事，他在一七四號的「棄稿叢刊」裏，這種題旨就擴大了。我們就可看海會與愛神，後來改爲加拉特在她的介殼車上的出現。

（五）何蒙古魯士的性格也有新的發展。一八二六年的大綱裏，他尚未出現在華爾布幾斯之夜。在「海崙前題」裏，他允許領導浮士德、梅菲斯特與華格納到華爾布幾斯之夜，並爲後一位搜集化學小婦人的原素之後，他再沒有什麼活動，僅在百二十五號的「棄稿叢刊」（一八三〇年二月六日）裏才見到說泰勒斯介紹何蒙古魯士入到海去。這好像是歌德新的意向。在他看來，何蒙古魯士爲一種不完成的物體，須得在華爾布幾斯之夜才能找到他所缺乏的完全生命。於是主水論者的哲學家，給他建議向一切有機生命之源的海裏求取醫治，如此，引出歌德在華爾布幾斯之夜討論生命之源的問題。

（六）這樣，在定稿裏海會的結局，我們看到何蒙古魯士爲尋找眞正的生命，而與海發生戀愛式的連合。因獲得如此重要的題旨，歌德不再特意描寫浮士德在貝爾塞封前的懇求，因這段在他的初意應作爲華爾布幾斯之夜的「頂點」。

（七）如果梅菲斯特不能使海崙復活，那末，邏輯地講他對召喚海崙一事，一點沒有出力麼？因此，不得不改變一八一六年的計劃，梅菲斯特所能盡力的，就是指示浮士德怎樣可以獲得魔鼎，藉此在皇帝面前顯現海崙的形相。因此，又有浮士德往母親國去的新題旨。

現在我們曉得，歌德怎樣在一八二五年掃除一八〇〇年時以致停工的障礙。我們再進一步，大概看看歌德在世的最後五年內，怎樣照他的計劃完成他的世界名著。

第三幕完成以後，歌德未續寫第四幕，因爲這一幕尙在未可思議之數。他開始寫第一、二兩幕，因爲他在「棄稿叢刊」第六三、九九與百二三號中，已有詳細的計劃，而最先寫就的爲第一幕。在他一八二八年印行的全集第十二册裏，曾刊一段重要的片斷（四六一二到六〇三六句）。第一幕的末尾與第二幕直至一八三〇年才告成。浮士德的完成成了他現在最重要的工作。苦惱與勤勞的工作是他所極需的！歌德覺到他沒有少年與成年時代的生產力。一八二八年三月十一日他對愛克爾曼說：『我曾有一個時期日日可寫印書紙的一張，而且覺得很容易。我三天寫成「兄妹們」，我的「克拉維果」，你是知道的，八天寫成。現在沒有這樣成績了，卽令在我的老年，我也不能爲我的生產力哀憐。在我年青時每天而且不論在任何環境之下，都能完成的，現在只能間斷地，且在適宜的環境之下才能完成。當十或十二年以前，獨立戰爭後的幸運時代，我寫「蒂婉集」(Divan)中的詩，一天能寫兩三首，在郊外、在車上或在旅店，時時都爲我所宜。現在爲寫「浮士德」二部，我祇能在清早的幾點鐘內，當我覺得睡眠使精神清醒與復原，且不爲俗事所擾的時候。然卽令如此，我所作的成績呢？在最適宜的情況下，祇能寫一頁，通常也不過寫手掌那麼大一塊；要在精神欠佳時，寫得更要少』。歌德已竟不能靜待興會之來臨，他必得要知道怎樣「命令詩」。他用許許多多方法激發詩與。例如一八三一年二月十七日他對愛克爾曼講：『今天我將第二部全部的手稿裝訂起來了，爲的使我眼睛可以看見。我將尙未寫的第四幕以白紙塡補，這樣，很可能由已成的部分激刺我與鼓勵我寫未完成的部分。這種外來的刺激，往往做些驚人的工作，我們應當用各種方法補助精神』。雖然如此，工作的進展仍是遲慢，時時被喪事阻礙，——大公爵奧古斯特的死，（一八二八年六月十四日），公爵夫人路易斯的死，（一八三〇年二月十四日），他自己兒子奧古斯特歌德的死於羅馬，（一八三〇年十月二十八日），——還有他一八三〇年十一月三十日夜之劇烈的吐血等等。在此種情形下，他幾乎三個年頭裏僅僅爲整理前兩幕，從一八三一年正月四日給他的友人沙耳特(Zalter)信裏，可以看出他對這種工作怎樣地吃力。「浮士德的前兩幕完竣了。愛斯特主教爲榮耀亞里妖斯特（註七三）用的驚歎詞，使在這裏恰如其當：這樣夠了！海崙安在第三幕開端，已經不是媒介的人物，而是主要的主人翁。第三幕是弄淸了；什麼時候神靈們纔來幫助完成第四幕，誰也不知道。第五幕也終於都寫在紙上」！——一步一步地，終於他完成了他最後的工作，一八三一年正月至五月，他完畢第五幕。同年夏天，他告竣第四幕。

一八三一年七月，第二部全部告成。他在二十一與二十二的日記寫：Abschluss des Hauptgeschäfts et das Hauptgeschäft Zustande Gebracht 。二十日他寫給知交梅益（Heinrich Meyer）說：「我整理，並且完成了第二部的全部，這是我整整四年來的工作。我將主要的闕脫處都已塡補，從尾到頭或從頭到尾，都已完成。我希望新近和以前各部分的矛盾處都已除去。我許久就知道我所願望的是什麼，並且知道怎樣完成我的願望。許多年來我的戲劇在心象中已經成形，不過我是照着這一時或那一時的興會，僅寫就些獨立的場面。但這第二部不應且也不能再同第一部一樣，也是些片斷的。理智的分成在這裏要多一點，讀過已經刊印的斷片就可曉得。所以在結尾要得有嚴肅的結束，始與全部調協。我決定主意在我未死前要將作品完成。現在完成了！全部都在我面前，現在只有增加幾段枝節。枝節加完，就把它藏起來。如果它仍有相當的問題，——因爲歷史上，常常發現問題解決後，仍有新的問題發生，——而讀者當也能瞭解一些面貌，一種符號，一種輕淡的幻覺。或許讀者發覺的比我所說的還要多」。

八月，離他八十二歲的前不久，浮士德二部完全改正了，並預備付印，歌德很高興終能達到他多年的企圖，可以對愛克爾曼這樣說：「我以後的生命可以認爲全是上天的多予，從今以後，再做什麼不做什麼都沒有關係了」。

他這時決定將手稿藏起，爲的是不願再有新的修改與增加。他不讓任何人讀，即令他最親近的朋友。等他死後才讓它出現。這樣作，並不是沒有憂鬱的苦衷，從他十一月二十四日給布瓦塞雷的信內可以看出：「當我完成了「浮士德」，上加印鑑時，我並不覺得愉快，因爲最親近最同我談得來的朋友，恐也不能用嚴肅的態度，來分解這麼多年來我腦子裏常常被感動，而最後完成的這種詩篇。雖然詩人們願將眞實隱藏，但我每次讓我親近的人讀過我的作品後，沒有不使我失望的。但使我安慰的，就是他們都比我年輕，或許他們有一天想到我曾經作的與使他們注意的」。

幾天後，他寫給洪保爾特宣告他大作的完成說：「提到我的「浮士德」，我有許多話要對你講。在工作順利的時候，我常常想到俗語說的：『如果你想當詩人，那末，命令詩』。因爲一種值得研究的心理變化，使我的生產完全走向有意識的地步。結局的困難在這裏：因「二部浮士德」是我五十年來的企圖，因時機的方便，一段一段地寫，所以闕脫之處甚多。然第二部需要理智的成分要較第一部爲多，這樣，爲使理智的讀者滿意，有許多連接的地方得塡補起來。由美學看，好多闕脫處也應補起，所以我東湊西補，一直工作到說：『關上閘門，草地喝夠了水』！爲此，我應當將已印的與未印的手稿參雜合訂起來，把它隱藏，爲的不至這裏那裏再有新的部分增加；

這樣，當不能將作品給自己極親近的朋友們看，像一般詩人們願做的那樣」。

但歌德直至一八三二年正月仍不免這裏那裏修改幾處，不過他確做到了不將已成的作品讓任何人看；除他的兒媳奧蒂莉（Ottilie）外，因爲他正月間曾向她讀過他的作品。不過他對詩篇的思索從未停止。臨死的前五日，他還寫給洪保爾特說：「六十多年前浮士德的意識，就顯現在我少年時代，前幾幕的意思是清楚的，但對於後來進展的詳細處，尚未十分考慮，然總時時在構思全部的意象。雖說我以興會關係，所寫的只是單獨的場面。因爲單獨地寫，所以闕脫很多，現在爲連貫計，自不得不將前後連接。但實在講，這裏有一種最大的困難，不得不用最大的毅力克服。然全部爲一生精神活動的結果，將困難完全克服，似乎也不可能。我不怕將來的讀者以他們的智慧，能分別出新舊各部的不同」。

適合了詩人的處理，「二部浮士德」作爲遺著第一册刊於一八三二年，書名爲 Faust, Dar Tragedie Zweiter Teil in Fünf Akten（Vollendet Im Sommer 1831）。在此書的末尾，歌德莊嚴地與富有意義地寫着「Finis」。

第四章 第一幕

一 浮士德的重返生命

第一景顯示的是睡着的浮士德，在一種養神的睡眠情況中，被雅列爾和小精靈們的合唱籠絡着。

歌德最初意思，好像在這一景裏想顯示引誘的性質，當浮士德要走入新生命第一步。如果人們一讀一八一六年關於這一景的計畫書之第一百號，就可知這時候歌德並不僅把小精靈們當作自然的精神，且當作梅菲斯特的侍僕。他們不只撫慰主人翁的心靈，把他引導到生命，激起地上生活的慾望，（參看詩句四六三三與四六六二以後）而且要讓浮士德走向危險的道路，使在他的靈魂上，照出「尊崇、光榮、強力、主宰的快樂」。浮士德要向權力伸手麼？要向皇帝的宮庭裏滿足自己的需要麼？小精靈們一方面治癒他，一方面在他的靈魂裏喚起權力的野心與渴望。

定稿裏好像把這種題旨完全捨棄了。小精靈們的目的，只是讓浮士德忘記以往。歌德的意向，明白地在一八二六年三月十二日與愛克爾曼的談話裏指示着：「起始是這樣的，你瞭解我，你對我這種緩和的寫法並不驚異。好像一切都在慰撫的幕帳中進行。假設人們想一想格萊卿所罹受的可怕不幸，……這種不幸，當然也深刻地擾亂了浮士德的靈魂，那末，就可以了解只能使主人翁成爲瘋癱症，如我所作的那樣，把他當成了死亡，然後再從這種像死的情況下，讓他產生新生命。由這樣主意，我得藉助強力與恩澤的精靈們，像傳說所描寫的愛勒浮（Elfe）。這裏的一切，都是悲慘的，深厚的可憐。浮士德沒有被審，人們不必問他是否應該赦免，如同人類受審判的一樣。愛勒浮們沒有這些問題的。他們不管他是聖者、惡人或罪人，一樣地對他憐憫。他們施行撫慰的工作，並無別的計畫，只在使他沉入非常的與鼓舞的睡眠裏；這種睡眠，可使他忘記剛才經過的可怕災害」。

歌德的意思，很明顯。我們該在馬格里特可怕的悲劇後邊，把浮士德表現成憂苦、瘋癱、滅亡在相當長久的時間，或許好幾年的期間，且由生命從自然裏吸收的效力，漸漸產生一種新生命力。這種遲慢的治療過程，絕對不能用戲劇的形式表現。歌德唯一的辦法，只能用歌舞劇以象徵的形式，表現他所不能用自然方式來描寫的。在他這是一種可貴的想法。在大災害後，人們只有一種藥劑：自棄到自然的普遍與神秘的力量裏，與這種力量一接觸，衰弱或受傷的器官，就會返到健康，病態的靈魂，就會返到平衡，騷動的意識，就會返到慰安。自然的熱烈的情夫如浮士德，他從自然裏所發出的，不僅是生理的效果來使肉體健壯和痊癒，且是精神上的靈藥，可以療治生命的傷痕。自然對他好像是仁慈的母親，親愛的慰撫者，強力而且帶宗教性的生命。由神聖的力量，扶持人類在生存中抵禦大的戰爭。

有些道德家反對用歌舞劇的幕景給浮士德象徵式的赦免。一位著名批評家把他的感覺用下邊形式歸結說：「這首詩以通俗的散文譯出來，大概是這樣的：如果你的良心上有種沉重的錯誤，使你痛苦，跑到山上散散步，你就覺得舒服一些」。這是不切當的比喻，且與歌德的意思不合。它之不切當，因爲這裏一點也不關係到寬容。自然在那裏行施善惡，是生命的力量，非是道德的力量。它治療浮士德，但它並不赦免他。它給他的不是寬宥，也不是遺忘以往，單是再生的力量。你們以爲在格萊卿死後，留給浮士德的，僅是自殺，被裁判，或消滅在苦痛與悲哀中麼？我認爲那是不正確的。我不承認是唯一的解決辦法。我很承認他可以有不能消滅的生命力，——這是上帝自已給浮士德這樣的性質，——而爲至大的折磨和最大的過錯所不能顚覆的。由於他的性格之邏輯上，他可在某一期間，找到使他再生的力量。我以爲勿須在那裏看出一種卑賤，勿須乎要咒駡那些知道怎樣捨棄無益與危險的痛苦而投入新生命的人們。

再生了的浮士德，看見爲他昇起的新晨曦。在這使地面上一切都甦生的陽光前，他覺得「永遠走向生存的完善意志」。他現在重新被他的心願，被他的靈魂特質「興奮」所吸引。但這種心願與開始動作時的心願，不甚相同。在太陽昇起前的浮士德獨白，與悲劇開始的獨白恰恰成了一個對照。他的靈魂現在是安寧的。他不是以前那樣背叛的巨人，想面對面看到上帝，想以熱情的懇求召喚地靈，想做讓地靈長久顯現的不可能工作，且因自己爲人類而覺到了劇烈的失望。第二部開始再生的浮士德，他身上湧出對無限的同樣思歸病，但他知道應站在人類的界限前。他現在知道人類生來不是看光的本身，而是看光所反照的事物。「眞理同神靈一樣，永不讓我們直接認識它。我們只能在一種反射，一種例證，一種象徵，在個體的表示和個體的表示相類似的東西上看到它。我們對它的認識，好像是一種不可思議的生命，然而無論如何，我們捨不得不去瞭解它」。因此，浮士德知道當光明照到山上的谿谷，讓他直接接觸時，他反蔽起他暈眩的兩眼，同以前對地靈轉背一樣。神靈不直接對人們顯露：它們的機能，不是在它們閃電似的光耀裏，讓人們看出那些「永遠的災變」。我們所能做到的：只在上帝之反射的變體現象裏看到，在光之五顏六色的反射，其實就是神聖之光的自身所反射的虹裏，推測而知。

二　浮士德朝見皇帝

在我們找到的大部分舊計劃裏（「棄稿叢刊」六三、一百，與代爾克的談話），顯出歌德原先的意思是讓梅菲斯特在浮士德蘇醒以後，馬上使他進入宮庭。由此，大概可以看出詩人在這一景裏所要描寫的。魔鬼引誘浮士德說皇帝想見他。開始浮士德對這種召請，並不在心，且害怕不知怎樣對皇帝談話。梅菲斯特代替他，並且需要扮着他的樣子。或許這兩位的不同觀點，馬上互相了解。浮士德想以驚人的動作來顯著自己。梅菲斯特告訴他現在是狂歡節，人們把一切正事都放在一邊，因此他可以好好地看一看皇宮。皇宮裏的財政現在異常困難，他可扮成財神，使君主的眼暫時對自己的難關減輕。魔鬼為指引浮士德的道路計，自己扮着宮中的小丑來見皇帝。這一景裏，歌德不成問題也想顯出浮士德之狂熱的樂天性，與魔鬼之濃厚的悲觀性。在這裏，魔鬼之蔑視「大宇宙」，同以前蔑視「小宇宙」一樣。處處譏諷浮士德的勇敢理想主義。——但在定稿裏，這種浮士德及其同伴之朝見皇帝的題旨沒有寫。是不是浮士德自己願意往皇宮裡去？是不是梅菲斯特用着榮耀的幻覺，和世俗浮華的迷誤法術，把他引入宮庭？詩人沒給一點說明。他留給讀者自己去創造這種開端的動作。並且他也沒有提皇帝的名字。在舊計劃裏，他特意說明他指的是最後的騎士馬克希米連皇帝（L'empereur Maximillien）。我們仍可在這位無名氏皇帝的身上，看出一些與馬克希米連相似的特點，如勇敢和無憂無慮，以及對藝術化裝的趣味與永遠的缺乏錢鈔。

浮士德朝見皇帝一段，包含三個主題，現順序檢討。

三 宮庭會議的梅菲斯特

當劇情開始時，帝國顯出驚慌不安的景象。皇帝當主席的會議前，代表傳統保守者的宰相，歎息帝國要瀕於災亂。接着每個官員都陳述自己所處的特殊境況。兵部尙書歎息人們對帝國的勢力沒有一點尊敬，市民倚據城堡，武士盤踞巖窟，傭兵得不到糧餉，各聯邦君主忘記了他們的職務。戶部尙書以爲缺乏錢鈔，是一切罪惡的淵源，希望在什麼地方找到新的來源，而使錢庫豐富。宮內大臣歎息高級官員的狂飲，使酒窖精光，皇室缺錢，用很大利息，向猶太人借款，以致債務日增。

可是皇帝不能解決這種景況。他不是壞，而是十分稚氣。一八二七年十月一日歌德對愛克爾曼講：「我想把皇帝寫成一位華華公子，他有一切能以失掉他地土的特質，而最後也眞的失掉。國家大事他不關心，只關心他自己，並總想怎能每天都找個新的玩意玩玩」。這是一位驕子，無定心的專制君主，沒有自己的意見，然很相信他的權力，一切人們都爲滿足他的喜好而存在。他的腦裏只有一種意念，就是怎樣化裝來利用狂歡節的佳期；臣宰們的訴苦，使他異常厭煩。國家的災難，與他沒有大關係。他唯一的一件事，就是無論用怎樣方法，只要能繼續他無憂無慮的快樂生活。

這樣的皇帝之旁，小丑是一位重要人物。然以前的小丑，泥醉的酒徒，現在不在皇帝前邊，他從台階上滾下，——醉或死，我們不很清楚。

梅菲斯特穿着小丑的衣服。他被皇帝許可，頂替前一位。輪着他來爲諮詢國家的困苦。當然，他沒有想帶一種救濟的策略。但合乎他的性格，他提議一種救濟方策，表面上這種方策很可消除一切不滿意與不安的原因，實際上只有增加不景氣的程度。他馬上看出國家與國王的缺乏。如果找到金錢，一切都可得救。梅菲斯特努力來獲得金錢。但從那裏來呢？在埋藏的地下。一切自然的財富，都在深處隱藏，一切的寶庫，都是很久以前就埋在屬於皇帝的地下。只要願意，馬上就可發財。雖有宰相的反對，察知這是一種魔術的冒險，雖有民衆的耳語，懷疑這是一種騙局，雖有皇帝的疑慮，怕在他面前的是一位厚臉的幻術師，然梅菲斯特終於達到目的。藉着欽天監的幫助，終於成功。疲於爭論的緣故，皇帝不願接受其他一切的改革；他催促梅菲斯特實踐其諾言，趕快供給金錢。在等待的期間，他參加了狂歡節的歡樂。

四 假裝跳舞會

這裏歌德描繪一幀謝肉節（註七四）的壯麗儀仗。這個題旨是他一向就發生趣味的。在童年時，他曾照着莎克斯（註七五）的方法，組織些狂歡節的滑稽劇，在那幕景上，他喜歡加些速寫，且以通俗的興緻，把當時定期集市的各種情形都畫上去。後來在威馬爾時，他又是公爵的娛樂主管者，爲宮庭人們歡樂起見，常組織些舞蹈會，儀仗，小型歌舞劇，尤其是假裝跳舞會。其中最主要的假裝跳舞會，是一八一〇年與一八一八年兩次的。在羅馬，他曾以極端的好奇與樂趣，參預狂歡節。狂歡節在他看來，是「一種有意義的國家現象與國家大事」，大膽的放肆與粗蠻的玩笑裏，也包涵一些藝術風格的形式與種類。我們提到他曾研究過格拉基尼與瓦浪帝尼的作品，蒙特挪的凱撒凱旋，以及杜勒的馬克希米連勝利，並認爲他們是意大利與德意志文藝復興時代偉大的藝術家，且能獲得迎俗節日的典型人物，與敎訓的寓義的藝術價值。由此，我們可以瞭解他要在「浮士德」裏插入一幕較文藝復興的最燦爛儀仗還要壯麗的假裝跳舞會的，因爲他的確在這上面感出藝術的歡樂。這段插筆寫得很曲折，爲的是作浮士德與皇帝晤面的方法，且是一種特殊形式，顯現宮庭生活的低級趣味。反之，要在這一景裏找深刻的含義，那就成了問題。歌德未曾注意在象徵的形式下，表現什麼思想，如人類的社會或生活。吸引他的，大部在題旨的趣味。他很樂意想像一種宮庭的理想節日，而這節日對他在材料上也不生什麼困難。一八二九年十二月二十日他與愛克爾曼的一段談話，講出他表現這一景狂歡節的全部樂趣，然其結論不免悲觀地說：「整個是異常偉大。但需要一位不易找到的導演家」。

照歌德的計畫是簡單與精妙。一位先導者先到臺上作着指導儀仗的職務：他陸續介紹到臺上的各團體人物，解釋他們的情形，或他們的敎訓涵義。這位先導者在一八一〇與一八一八年的假裝跳舞裏就有了，不過那裏是梅非斯特做着指導的任務。因此，許多導演家演假裝跳舞會的時候，習慣上仍以梅非斯特作先導的任務，取消後來在財神旁所作瘦人的一職。

在大廳裏演進的狂歡節儀仗中，第一出來的是些裝飾舞臺的人物，這裝飾舞臺者是意大利狂歡節的典型人物：女園丁們拿些自然或人工的花，與男園丁們，——母親引着女兒希望給她找一個丈夫，——一些女朋友加入這些女兒羣裏，——漁夫和捕鳥者參到美麗少年的羣裏，彼此調笑，——粗魯的樵夫們與愚蠢的滑稽者，也參加來胡鬧，——醉漢及其同僚，——最後詩人與歌唱家的合唱。

大廳裏漸漸聚集各色各樣帶寓意的集團，排成行列地往前進。第一集團是司歡喜、司運命與司憤怒的三位女神。繼而一個華麗的象，被智慧女神牽引着。象身上騎着勝利女神，旁邊跟着的是被束縛的恐怖與希望。再繼續的是四個長翼的龍拉的二輪車，一位生得異常漂亮的童子駕馭着。車上一個匣子滿藏地上的寶物，近匣子旁坐的是扮財神的浮士德。財神的背後蹲着梅菲斯特，以又老又醜的形象象徵着慳吝。最後是皇帝，他扮着潘恩的形象，被一羣半古典半浪漫的芳恩們、莎蒂綠斯們與寗芙們保衞着，其中又參雜格納們與日耳曼的巨人們。現在檢查到唯一與劇情演進有關的一段插筆，就是浮士德的登場和他與皇帝的晤面。

爲易引起到皇帝的財利心，照着梅菲斯特的建議，浮士德扮成財神普魯圖斯。這種裝扮對他並不十分願意：因爲在他的想像裏，沒有一點方法能解救皇帝的窮困，而且也不知道梅菲斯特所意想的製造紙幣的方法是什麼。如果他同意了這種裝扮，那是因爲這種裝扮，可以給他一個與皇帝見面的藉口，也因爲他在普魯圖斯身上，看到「眞正的」財神，人類天才創造家的象徵。一切財富的淵源，以及他在宮庭裏是一位正式的魔術師，代理皇帝來處理自己的創造知識與才能。

使這種意思明瞭計，歌德講普魯圖斯的馭者是一位異常漂亮的童子，而普魯圖斯自己稱馭者是「他最喜愛的兒子」，馭者向先導者把自己介紹是浪費與詩。一八二九年十二月二十日與愛克爾曼的談話，歌德講那位童子不是別的，就是浮士德與海崙所生的兒子兪弗里央。他的發問者驚疑在第三幕才生產的兪弗里央，怎麼就在第一幕假裝跳舞會裏顯現的時候，他回答說：「兪弗里央不是人類，而是寓意的人物。他是擬人化了的詩，他不屬任何時代，任何地域，任何人。同一的意思，他後來是兪弗里央的，現在顯現在這個童子的形體上，好像那些妖魔們能出現在一切的地方與任何的時間」。愛克爾曼的記載是正確的；然事實上，有些草稿裏原稱青年馭者爲兪弗里央的，後來都改爲 Knabe Lenker（ed. Weimar XV2. p. 20sg.）。顯然歌德捨棄了這種特意指出青年馭者與兪弗里央的同一，因這種同一，已經使愛克爾曼迷惑了。

當然，羣衆不會瞭解財神及其同伴們。漂亮童子在擬人們的前面，胡亂分散發光的珍珠，或在他們的頭上，散佈星光樣的與會之火，迅速地從這個人頭上到那個人頭上。這些人們爭噪着狂歡節的財富，但剛剛握着財富，就看到財富在他們手中變爲昆蟲或蝴蝶。事實上，詩是由美麗的幻想創造的，不是實體。同樣，羣衆在財神上看到的，也不過是魔術家所帶的欺罔財寶，在貪饕的人們眼前展開。這樣激起和迷誤了他們粗野的希望，並且用一條不能見的帶子作一個圈，來保護由匣子裏沸騰似流出的發白光的金河。

皇帝同羣衆們一樣，他在大潘恩的裝扮下，順着往前進。他也走向財神面前，貪饕的眼光思索着發光的金河，他斜身向前，爲看得更清楚些。他的假髮墮下，着了火。他的假面目遮掩不住了，所有的人都認識了在潘恩假面具下的皇帝。看到皇帝的時候都很驚慌，繼而大衆又受了火災。然這一切都不過是表面的與幻覺的。在這突然的驚慌發生時，作此幕幻術主角的浮士德與梅非斯特，當作皇帝的救星把火熄滅。

五 紙幣的製造

然而皇帝對這個節日，甚至對臨到他身前的災害，都覺得是愉快的，他沒有懼怕的時候。在突然的燃燒中，和火光成穹窿形圍到他頭上時，他還自以爲是幾千火精們的君主。因對梅非斯特的誇口懷疑，恐怕上當，加以他無憂無慮和懦弱的性格，關於嚴重事情倒遲延不提。可是在假裝跳舞會的混亂中，他被大臣們從絕境裏救出，幾乎一點也不知道關於假設的地下所藏珍寶證券的簽字。他在證劵上簽字，由於梅非斯特的智能。馬上發行無數的紙幣。節日的第一天，到處散佈着愉快的氣象。「把各種情形給皇帝解述後，他還不知他所做過的。戶部尙書呈獻了銀行的紙幣，並給他解釋國內的情況。開始他還發怒，繼而想到解決了國家大事，於是充滿了快樂。用這種紙幣給他四圍人們一些大的贈品」。（一八二九年十二月二十七日歌德與愛克爾曼談話）結果，金錢到處流行着。各個人都喜歡接受這種紙幣。帝國裏到處顯現着一種假想的昌盛氣象。在這種普遍的愉快裏，只有以前的小丑，這位剛才從臺階上滾下去的老酒囊，突然顯功，還保存一點良知的光明。他在地上拾了幾張皇帝掉下的紙幣，急速把它換成田地，所以梅非斯特講了一句涵意深刻的話：「誰還懷疑我們小丑的機敏」？

魔鬼意料的事，進行很順利。浮士德本想在宮庭裏作點有益的事業，所以讓他的伙伴如此去作。而這位伙伴就趁此機會使浮士德處到一種極危險的冒險。浮士德之在宮庭扮着魔術師的角色，爲的易於得到皇帝的恩寵，在主人面前顯出想像的財富意象。在梅菲斯特這方面，就做了一件大大的欺騙，這種欺騙當然浮士德不負責任，或許他一點也不曉得。既然成了事實，他也不得不免強表現點合作的態度（六一一一句以後）。在原始的計劃裏，梅菲斯特是代替浮士德。歌德現在把替代的意思取消，但給我們表現出一位浮士德大量地受着梅菲斯特的指示，並進演到不見得對他沒有危險的境地。由於奇蹟和欺騙，他才進到皇宮；要繼續使用這種方法，就要發生危險。浮士德發現了他處在陰謀與欺詐的圈套裏，所以他在宮廷裏想有所作爲與創造，因此劇情又演變到別的方向。皇帝的一種新需要，要浮士德把海崙與巴黎斯顯現，這樣一來，又曲折到別的路上。

六　浮士德往母親國去

由於海崙的顯現，我們現在走向一個新的路線。歌德的初意，海崙意象的顯現與她之回到眞的生命，都由梅菲斯特所安排的魔法。定稿裏不是這樣了。歌德瞭解傳授古代美的理想於浮士德的，決不是魔鬼的工作。不止他沒有能力使海崙復活，即令召喚她的幽靈，也是不可能。應該是浮士德自己完成這兩種工作。這位日耳曼的魔鬼自己也承認他與古典的古代完全生疏。當皇帝要見巴黎斯與海崙的形象時，浮士德把這當成簡單的事向梅菲斯特要求，以爲只要使點魔術就可得到，梅菲斯特却拒絕了，且明白講，這是辦不到的事。「異教徒的世界，他宣告說，我一點管不着，他有自己的地獄」（六二〇九句以後）。他所能召喚的幽靈與這位女主人翁沒有一點共性。梅菲斯特講了實話，並且浮士德所要冒的險，他認爲絕對沒有道理。在那種地界內，他一點也不能幫忙。這樣，他完全變成被動的脚色。不是他領導事件，他對浮士德的行動，僅僅處在觀衆的地位。當浮士德在這段海崙的插筆裏活動時，魔鬼既沒有參加，也沒有任何影響。

爲眞海崙的復活，古代的希臘給詩人一種傳統的神話的儀器。浮士德應當下入幽靈們如Hadés（註七六）或Orcus們所處的境界，才能把下界的神靈引到地上。僅僅召喚海崙的形象，在古代典籍裏是沒有的，應當整個由幻想而來。歌德自己告訴 Riemar 和愛克爾曼說，他最初的觀念是在普魯特克（註七七）的著作裏發現的。在馬爾塞魯士傳（Vie de Marcellus 第二十章）裏，普魯特克述一個極古的小城名爲 Engyum 的，其中廟宇是克勒國人所建，由於一些被稱爲「母親」們者女神會的顯現而著名。還有，在他的「神諭的沒落」裏，他講有一百八十八個人，組織了一個三角形的地平面，這裏是「人們的公共住所」，名爲「眞理之鄉」。他接着說：「在這眞理之鄉，可找到一切事物的基礎，以及許許多多從來沒有，或將來要有之奇特的形狀與形象。它們是永遠的。那裏的時光如同地上的河那樣永遠流着」。如果人們的靈魂以往要是良善的，那末，每隔萬年它可看到一次這些現象。地上所最著名的神密奇蹟，也不過是這種現象的幻象。

——由普魯特克這兩段文字，加以柏拉圖穴居的寓言，和一些希臘哲學家如 Anaximand（註七八）的 Apelron 學說，給歌德一種引意創造這個超時間與超空間的神秘帝國。那裏的母親們，有的立，有的行，她們永遠在談論創造與改造，周圍滿是些造物的姿形，她們看不到別的事物，而只看到幻影（六二八五句以後）。那裏浮士德得先找到三脚鼎，再由這鼎召喚海崙的形相。再如以 Reuter 在魔鬼的帝國裏說巴拉塞耳士把人分爲肉體、靈魂與陰影，靈魂入天國，肉體回地上，陰影沉地下，而魔術師可以把它從地下召出。歌德想的辦法，時而與十六世紀的想法相合，時而與希臘的創造調協。這樣創造的神話，他以爲與往地獄去的神話一樣地有力，藉此可以解釋爲什麼浮士德在未去地獄尋找海崙以前，而能把她的形象喚到皇帝面前的緣故。他希望這個神話能充分地表現了 Rudoff Otto 所稱謂的 Numinosum 的原素，卽恐怖氣氛中含神聖宗教的神秘。我們還記得愛克爾曼聽了到母親國去的第一次宣讀後，所述的故事。（一八三〇年正月十日）「這一景裏所有的新奇，古怪，以及歌德所用的方法，都使我很驚異。如同浮士德一樣，我也覺得戰慄。細心地領略詩人的描寫之後，許多使我不明白的地方，勢必請歌德加以說明。但他原樣地把這種神秘敍述一過，並且瞪着兩隻大眼望我，重述那句：『母親們！母親們！——好奇異的名稱』」！

能給歌德的神話一種完善與滿意的哲學解釋麼？註釋家們總想往這方面努力。人們願望在這個母親們的國度裏，看到無空間與無時間的柏拉圖理想世界，甚而還想在這裏看到典型的世界，因這些高超的要素是値得永遠保存的。這種解釋很細心，也很動聽。但它解釋全了麼？不無懷疑。我以爲緊要的，不要忘記歌德所以組合那些傳統的意旨與意象的，在創造一種能引起想像的神話，不是一種寓言爲使智慧上的滿足。上邊我們把眞正能領導歌德去創造他的神話的材料敍述了，可是人們祇要找到一種這個神話的比喩、解釋，不管歌德的意旨如何，便硬去附會，連歌德自己根本也沒有想到這裏。

七　巴黎斯與海崙的召喚

一八二九年十二月三十日的一次談話裏，愛克爾曼寫歌德第一次宣讀這一景時所給他的印象：「在古舊的騎士廳裏，我看到皇帝和庭臣們正在看戲。幕揭起後，我瞧到希臘教堂的佈景。梅菲斯特在提示員的洞子裏，欽天監在舞臺前的一邊。浮士德帶着鼎由另一邊顯現，他說着話。從蒸氣裏走出巴黎斯。——隱約的樂聲中，這位美男子作種種的姿態。他的各種姿態是照着古代塑像的姿態描寫的。他時而坐，時而行，時而手臂放在頭上。他使婦女們讚美他的可愛，他激起男子們羡慕和妒忌，找出種種理由打擊他。巴黎斯睡着，海崙顯現。她走近睡着的巴黎斯，吻他。她離開他，然又回頭看他，她顯出很可愛的樣子。她給男子們的印象，恰恰像巴黎斯給婦女們的一樣。男子們用熱烈的愛來讚美，婦女們則用充分的羡慕與仇恨來批評。浮士德自己是整個的感動；看到他召喚出這樣美的美女，他忘記了地方、時間、環境。因而梅菲斯特時時刻刻提醒他，不要忘記了他自己的角色。巴黎斯與海崙有了愛慕的傾向，他把她抱在懷裏，似乎要帶走的樣子，浮士德想從他手裏奪過她，用他手裏的鑰匙觸着巴黎斯，結果發生了猛烈的爆炸，精靈們化成露氣而消散，浮士德成了瘋癡，躺在地下」。

注意一下這段敍述裏所表現的劇情重要性。浮士德成功了一件魔鬼們認爲愚蠢的大事，但在他看來有絕大的價值，因爲終於得到了三脚鼎，而能召喚皇帝所望願的古代形象。他照着計劃進行。在海崙顯現時，他忽然憶起一種絕妙的美，而這種美曾在魔女們的鏡子裏顯現過。在這種具體化了希臘女子之古典美的形象之前，重新引起他天生的奢望。僅僅觀賞，他是不滿足的，他要佔據她。激起他興奮的這種情感，很難加以界說，我相信也很難說出一種確切的道理，如果人們同意的話，這是較魔鬼與格萊卿前引起的肉感欲望還要是理想的衝動，更強烈與豐富生命力，而爲純粹美學和無所爲而爲的觀賞。這種過度的動作佔據了他整個靈魂，他忘記了他是在幻想的境地，而違犯了神經系的法則。他之躺到地下，我們不很知道是因物質的爆炸所驚嚇？還是因海崙的形象，和由她所激起的熱烈慾望所瘋迷？

第五章　第　二　幕

一　第二幕的萌芽

「浮士德」第二部的原始計劃，沒有包涵「實驗室」與「古典的華爾布幾斯之夜」兩景，是梅菲斯特既爲皇帝召喚了海崙的形相，同樣，用他的魔法使她回到生命，滿足浮士德的願望。這兩景的第一次顯現，在一八二六年十一月的草稿裏。但這個草稿與定稿之間，又有許多異點：以爆炸結束召喚海崙一景時，浮士德被放在「公葬地的牆邊」；他很自然地醒轉過來。他進入華格納製造化學人的實驗室，是梅菲斯特給他的一種消遣，爲的轉換他對海崙的熱情。我們不知道華格納的企圖是否成功；一點也不知道何蒙古魯士在華爾布幾斯之夜裏，還扮着相當重要的脚色。華爾布幾斯之夜僅像序幕，在這裏浮士德藉着曼都的幫助，使普羅塞嬪得到海崙。一八二六年十二月的草稿，就詳細得多。許多新的題旨中，最重要的是華格納與浮士德和梅菲斯特一起到華爾布幾斯之夜，由華格納袋裏所帶的何蒙古魯士之輔助，搜集了組織一位「化學女人」之必要的材料。何蒙古魯士已給我們顯示一種博學的奇蹟，但愛琴海的盛會與何蒙古魯士之死，還是仍然缺着。——定稿的完成，是幾年以後事。「學士」與「實驗室」兩景的開始，早在第一幕還未完成之一八二八年七月，曾向愛克爾曼宣讀過。「學士」一景在一八二八年十二月六日，「實驗室」在十六日。至「華爾布幾斯之夜」的寫作，更晚在一八三〇年正月與六月間。

二　浮士德的實驗室

因爆炸而昏倒後，不省人事的浮士德被梅菲斯特背到他以前的實驗室。一切都沒有變動；對他的老師之敬愛而總希望他回來，所以華格納禁止人們變換原來的形式。灰塵和蛛網較前增加，書籍也較先發黃，曾被梅菲斯特穿過的浮士德皮袍，飛出許多快活的小蟲，除此而外，都是原樣。不過突然走出一位舊年的熟人；那位曾向老師求過教益之靦腆的青年學生，現在變成一位自信很強和剛毅勇敢的學士。

三　學士

照着菲棋特（註七九）兒子的證明，說是 Duntzer 一八五七年在他「浮士德的註釋」裏，講

Mme de kalb 曾經說第一部「浮士德」的「片斷」，尚未印行的十五年以前，她就讀過一段梅菲斯特與一位狂妄的理想主義哲學家的對話，這位哲學家以極傲慢的態度，向梅菲斯特下攻擊。他比魔鬼還要絕對的與個性的，主張所有二十歲的人，都應該處以死刑。後來大家都以爲這是非棋特說的，因爲在一七九三年，他曾被召爲 Jena 講座。如果照這段卡爾博夫人的記述，那「學士」一景的初稿，應遠在「浮士德」第二部第一次的計劃以前。在一七九四年末，歌德確曾讓卡爾博夫人讀過一些未發表的作品，她對席勒提到此事，席勒又曾向歌德要這些稿件（一七九五年正月二日的信）。但很可能卡爾博夫人的記憶是錯誤的。歌德在這時代曾寫過四句式的諷刺詩 Ncces D'ordoberon et de Titania，這裏有理想主義哲學家的嘲笑言辭，由此，我們可以瞭解卡爾博夫人在「浮士德」第二部出版後的三十七年，讀到這「學士」一景時，很可能有一種似曾相識的印象，因而想像她在很久以前讀過。無論如何，像我們現在知道的形象，不成問題，這一景屬於一八二六到二八年的期間。

這種情形下，很可疑歌德有意在這一景裏戲擬菲棋特與理想主義的哲學家。一八二九年十二月六日與愛克爾曼的談話裏，他特意辯駁這一點：「我們談到了學士的性格。這個人物身上，我說，你是不是暗指一位理想主義的哲學家？不，歌德講，我在他身上擬人化了青年所特有之傲慢的自負性，尤其在我們獨立戰爭後，更充滿了這種例證？在青年時代，各個人都相信世界是由他們開始，一切都是爲他設的。東方眞有一個人，他每天把他的人們招集到跟前，非等他命令太陽出來的時候，不准他們去工作。不過他發這道命令，也就準備在太陽就要出現的時候」。

毫無理由地疑惑歌德這段話。菲棋特死於一八一四年，關於他的這個傳說，很可能在一八三三年就失掉實在性。在學士的談話裏，有些地方很明白是菲棋特或叔本華之哲理的漫畫。但歌德的意旨，他願意創造一種普遍的人性，一種「不上三十歲的人」的畫像。這種對人生的歡喜與富於幽默意味的人性，一直到現在百十年來，仍然是眞實的。

四　何蒙古魯士的出生

製造機械人的思想，在各民族的傳說上可以找到各種形式。猶太人的傳說裏，有一種 Golem，就是通神的人給泥偶以生命，其方法是在羊皮紙上寫着神秘的上帝的名稱。使徒們的傳說裏，講魔術師西蒙召喚一個死孩的精靈。爲使這個精靈顯出形象，魔術師把空氣變成水、血與肉讓這個兒童吸食。德國的傳說，說是有許許多多的玻璃人（Glasmännlein）。這種機械人的製造，是一種壯麗的行爲，然無論如何有點褻瀆神靈，因人類存着僭越的野心，想比擬自然與造物主所創造的精妙。實際上，這種創造能力只屬於神，不屬於人，——像普羅梅特（註八〇）那樣叛逆的行爲，結果必爲悲劇的。

人造人的思想中最奇異的一種，就是歌德製造他的人物何蒙古魯士時所根據的希臘傳說。這種傳說經過了幾世紀，直至文藝復興時代的煉丹者，直至巴拉塞耳士及其承繼者。玆略述如下。

煉丹者要探求的主要問題，是怎樣預備他們隨意稱謂的時而含金質的強壯劑，時而是點金石，時而是萬應藥。它可把灰色，病態與不純潔的血變爲純潔、健壯、與紅色的血。這些問題再與製造 Anthroparion 或何蒙古魯士的方法混合起來，就成以下的製法。

製造的開始，他們認爲所有人的身上，可區辨出兩種不是化學而是哲學的因素：硫磺質與水銀質。這兩種因素不是現代化學辭典中能以找到的。煉丹者認爲人的體格，一部分由硫磺質組合而成。這種質性是主動的，富於生殖力的因素。那就是火與氣；它是男性的特質，其色紅。一部分由水銀質組合而成，這種性質是被動的，富於感受的原素，那就是水與土；它是女性的特質，其色白，或灰。

這兩種原素結合後，就產生何蒙古魯士。照着希臘煉丹者們的描寫，何蒙古勒最先顯出銅色，穿着紫色的衣服。紫色是示皇帝的意思。從銅色的性質，若製造得法，就變成銀的形象，最後變成金的形象，這樣大功就算告成。但煉丹者所得的結果則不一。大功告成後的結果，時而是金質，時而是強壯劑，因爲強壯劑含有金質的「種子」，「靈魂」，或「精神」，所以它可產生金子；時而是純靈魂與純精神的何蒙古勒；時而是能治病，和令人長生不老的萬應藥。從此，我們完全瞭解了歌德由傳說上所給何蒙古魯士的特質。何蒙古勒既是蒸溜物的強壯劑或萬應藥，當是一種能以揮發的東西和純粹的精靈。照道理講，它只得緊閉在小玻璃瓶裏，爲的不讓揮發的精靈分散。由此，我們又了解它爲眞的生存計，需用全力尋求一件肉體穿的衣服。

另一方面歌德在巴拉塞耳士的 G nera tionibus rerum naturalium 第一卷裏，還可讀到化學人的詳細製造法。「不要忘記，這位作者講，何蒙古勒的製造。現在許多人懷疑古代哲學家所提議的，不用女人的身子，而以一種技術可以生人。關於這個，我的回答是要人相信 Spagyriquo 的方法，一點也不衝突，反而是絕對的可能。但這樣方法是怎樣運用呢？把精蟲放到關閉着的彎形蒸溜器裏，讓它發腐，繼而再在滿盛馬糞的蒸溜器裏，讓它更爲腐敗。這樣等四十天，它就活動長成。過了這個期期，它就很像人形，但是透明的與沒有形體。如果每天繼續用 Arcauo sangninis humani（一種紅色化學物）乳養，在適度的馬糞中保存，就產一個有四肢的嬰兒，同女人們養的一樣；不過特別小一點，我們稱之爲何蒙古魯士。它需要同其他的嬰兒養育一樣。不過更得小心留意，一直等它有了知覺，有了理智。這裏是上帝賜人知道的一種最可敬服最偉大的神秘。這些何蒙古勒長到壯年時，變成巨人或矮子，以及其他奇特的人形。由它的幫助，可成許多困難的事。它可以打敗敵人，可以知道一切隱匿與秘密而爲別的人所不能知道的事情。因它們的生命是人造的，它們的體格骨肉與血也是人造的，所以它們天生就會各種技術，不用向任何人學，反而人們還得向它求知識」。巴拉塞耳士這種思想，一直傳到他十六與十七世紀的承繼者，歌德是一七六八在佛朗克府病後才讀到。——由於巴拉塞耳士的關係，何蒙古魯士纔在現代文學裏出現。廸卡爾（註八一）提到過玻璃小魔鬼和小人。伯勒（註八二）的字典裏，也提過一種像手樣大小的胎兒，但知識很豐富。哈曼（註八三），司哈崙（註八四），羅梭（註八五）與魏蘭特（註八六）

都講過一種極聰敏的「胚胎人」，它在玻璃瓶裏過一種奇特的生活。

歌德的何蒙古魯士一點也不是寓意，像第一幕的少年馭者。這當然是一位幻想人物，如地靈和梅非斯特一樣，然在十六世紀一般人的想像裏，確實認它是活的東西。歌德是藉用中世紀末葉學者們所努力探討的魔術方法。在傳說上講，好像這種造人的工程是華格納完成。關於何蒙古魯士的天質與性格，歌德一點也沒有增加，僅照着傳統去作。

歌德寫的何蒙古魯士是華格納之科學的產品。華格納從浮士德走後，就變成了正統科學的光明。大膽的純理主義者，他對上帝和自然全不瞭解，他很天眞地相信任何事物都打不倒「理智」，因爲他對有機生命隔膜的緣故（六六四〇句以後）。他認爲科學較動物性高超得多，他想以機械的方法與理智的技術，代替自然的有機體與一切的經驗。由原素的適當配合與蒸溜（六八四九句以後），他相信能產一些較粗俗的生命要高超得多的東西。

祇用他的辦法，很可能永遠達不到目的，因爲這種大的工程，我們上邊講過，非以「願望的精靈之協助」是不能成功的。歌德輕輕的提了一筆，說是梅非斯特的參預正是好的時候，這種參預，決定了創造化學小人的工作（六六八四句，六六八五句以後，七〇〇三句以後）。詩人尙明白地對愛克爾曼講過他的意思（一八二九年十二月十六日），他很讚美他的知己，能以猜出「魔鬼曾秘密地幫助何蒙古魯士的產生」。從戲劇的結構上看，梅非斯特的意志也是很明顯的。在昏迷了的浮士德之前，梅非斯特處到最困難的境遇。關於召喚海崙形象，他祇能告訴浮士德一條路，讓這位自己去完成，且引誘這位去母親國裏冒險。現在他的法術用盡了。北方的魔鬼一點不曉得古典的古代（六九二三句以後）。他既不知道怎樣喚醒浮士德的昏迷，也不知道怎樣幫助浮士德把海崙從 Hadés 找出。他之合作來產生何蒙古魯士，或許他希望——這種希望隨卽實現——在它身上，找到一種暫時的辦法，能讓他衝出困難的境地。

事實上，這位化學小人剛剛出生，就顯出了他種種的智慧。他的猜測才能，他的無所不能的智慧。何蒙古魯士讀浮士德的思想，如同讀一本翻開的書一樣：他看到浮士德的靈魂裏，充滿了美麗的夢（六九〇三句以後）。他知道若叫浮士德回返生命，應當把他帶到古典的地界。在古典的華爾布幾斯之夜裏，可使浮士德與古希臘神話的世界接觸。是他給動作一種新的刺激，是他準備浮士德之往奧爾古寺去。他讓梅非斯特把浮士德帶去，因爲如歌德對愛克爾曼所釋解的（一八二九年十二月十六日）：「他與梅非斯特的智慧上有同樣的明敏，但以美的趣味與功利主義而論，他較梅非斯特的要高明的多」。

最後，何蒙古魯士如他的同類一樣，充滿了生命力。歌德可盡量利用這種傳統的特點，完成與他的生命哲學相調和。由此，我們再換一個方面來討論一下何蒙古魯士這個人物。至今爲止，我們已經研究了屬於十六世紀歷史的傳統形象，現在再看何蒙古魯士在歌德哲學觀念上的意義。

在他的第一部「浮士德」裏，歌德已經熱烈地攻擊他那時代純理主義的科學，與機械主義的生活觀。他的華格納就是一幅中庸、愚魯、與無能的純理主義學者畫像。尤其在「學生」一景裏，藉梅菲斯特的嘴，他以嚴肅的態度，諷刺他那一時代的科學。尤其「化學不以總合的精神，聯結各種體質的原素，而祇以華麗與空洞的自然處治」一個公式，來解釋生活之神秘。——倘若理智主義在「光明時代」已經被狂飆運動、理想主義哲學、古典主義、浪漫主義的劍，繼續地擊成碎片，然並不因此而消滅。以它的基本原理，它也是人類精神的永遠一面，在牛頓的學理裏，把它作爲宇宙機械的總解釋。牛頓爲完成他的學說起見，勢必將這種理智主義應用在生活的各方面，哲學、宗教、藝術、哲學、道德、經濟、社會、法律等。浮士德初稿出版的半個世紀後，機械主義者的純理主義，仍然像「光明時代」一樣地昌盛，歌德並沒有停止攻擊它。他自己現在變成一位學者，他曾經深刻地研究過自然的植物、動物、光學、地質學、氣象學。他看到在他面前樹立了一種與他的主張完全不調和之「數學的生理學」，他故意不瞭解它，批評它，認爲它是膚淺，特別是「色彩學」一書，使所有牛頓的後繼者莫可解釋。如此，我們一點不必驚奇，如果在他「浮士德」第二部裏像在第一部一樣，繼續作他反對的論調，時而以譏諷的態度，反對機械主義者與純理主義者的人生觀，時而以活力主義者之人生的神秘觀，給機械主義作一個反面的解釋。因此，何蒙古魯士的題旨變成：一方面是對華格納代表的大學科學的激烈諷刺，另一方面是活力主義者之對生命根源的神話。

卽令在歌德正寫古典的「華爾布幾斯之夜」的時候，人生機械主義論仍有特殊的成功，第一次有機物體的製造。柏林工業學校教授吳勒（Friedrich Wöhler），他以阿摩尼亞的硫酸鹽參加到衰化物的輕養化鉀，再和些其他成分，製成一種白色的結晶體，與動物的原素完全相同，這樣，不須藉原動物或人類的膀胱，而能製造原素。吳勒教授的發明，好像對人生的機械主義論者開了一界無限的疆域。第一流學者賴比克（Liebig）認爲這是化學上「新時代的曙光」。另一面如伯熱盧斯（Berzelius）等，可是存着懷疑的態度。這位化學家一八二八年三月七日以諷刺的語調寫給吳勒說：「如果人們將製造力再擴大一點，那將要在工業學校的實驗室，造成一個極小的嬰孩，這纔是奇異的事」！——吳勒的發明，由依愛爾大學教授杜魯崙（Dobereinor）的報告，歌德當然馬上知道了，因爲杜氏負着告訴他化學現況的責任。且在八月十二日的日記裏，歌德寫着與他作了一次「特別有益與豐富」的談話。在同一時期，歌德曾重讀毛班圖（註八七）的肉體愛情（Vénus Physique）和拉美特里（註八八）的植物人（L'homme plante）。他前幾年當然也看到弗康森（註八九）的機械傀儡。這種傀儡曾給賀佛曼（註九十）極深的印象。在這種情形之下，歌德對生命的機械主義者的假設，不能不予以承認，並且對十六世紀何蒙古勒的製造問題，重新得一實行。從此，我們可以瞭解歌德所以讓華格納爲化學家新典型的意義。這位華格納因對人類科學無限能力的崇拜，想以「結晶」製造一個小化學人，且天眞地相信化學在此種職務之下，可以完全代替了自然。

何蒙古魯士到底是什麼？在最近才發見的兩段文字裏，歌德自己解釋他的主要哲理說：這是一種昂特勒希（註九一）（entelechie）。在歌德的玄學中，大家要知道昂特勒希主要的東西，與勒泊尼次（註九二）的原子相像，換言之，就是純粹的精神，時時在內部活動的力量，它與物質聯合而造成活的物體。但華格納在他的玻璃彎形蒸溜器內所找到的，是他鍊術的結果呢？還是梅非斯特秘密幫助的成績呢？抑偶然的玩意呢？我們不得而知。歌德未曾明言。或許有什麼困難不能明言，而我們只知道，這種純粹的精神，並非就是生命。它的本質是純粹的精神。它「生產」在純精神的現象下，且在未形成肉體之前。它被認爲「超」人類，「超」非純精神的梅非斯特，它不受與生俱來之肉體的壓迫者——命運所束縛。它也不是組合一種生物和個人之不可分的精神與物質的原素。依歌德看來，何蒙古魯士雖是精神，然一點也不是「超人」，它僅是一種不完成的製造物。完整的人不是製造的，而是「變成」的。華格納的科學，卽令加上魔鬼的幫助，僅能產生發亮的與敏捷的東西，思想尙未化成肉體的東西，它「還不是」一個人，它熱烈地期望成爲完整的人生。所以何蒙古魯士從華格納之彎形蒸溜器走出，馬上就離開了這位使它出世，但走錯了道路的父親。它沒有一時一刻不在紀念完整的人生。它決然離開了揮發出它的本質之試驗室，而走向華爾布幾斯之夜。它所以把浮士德帶到這裏，爲的是讓浮士德從古典的希臘夢景中轉回來。在這種古代魔鬼們的噪雜集會裏，浮士德能找到海崙，何蒙古魯士能尋找有形的生活，唯有這種生活，才能使他眞實。

第六章 第二幕（續）古典的華爾布幾斯之夜

一 結 構

「古典的華爾布幾斯之夜」起草於一八二六，而主要部分的完成，則在一八三〇的前半年。正月二十四日歌德第一次同愛克爾曼談到他的計劃；六月二十五日讓他的兒子告訴愛克爾曼說計劃完成，希望繼續寫。八月九日他給愛克爾曼信說：「華爾布幾斯之夜寫成了，或正確地講，這一景無限地伸展了」。終於十二月十二日，這位忠誠的秘書，帶到自己家裏一部完整的稿本。

最初的意思，歌德把「古典的華爾布幾斯之夜」當作一種「海崙的前題」。他的目的在表現浮士德「尋找希拉國的靈魂」，爲得到這位曾經曾過她的意象而想獲得的海崙，他走向希臘神話世界。爲要求伯爾塞封使女主人翁復活，他大膽地走到地獄。這是那燦爛的第三幕之必要的序言。在第三幕裏，召喚起從希臘國土復活的海崙的顯現，和她同浮士德之純潔的愛情。一八二九年十月十六日同愛克爾曼的談話裏講：「你在開始的幾幕裏，就聽到和用言語所表現之古典的原素與浪漫的原素，現在順着一種上昇的橋樑，把我們領到海崙那裏，這兩種藝術的形式，十足顯示了它們的特性，那裏它們締結到一種和協」。「古典的華爾布幾斯之夜」組成了日耳曼主義與希臘主義之結合點。從浮士德哥特式的實驗室與華格納化學的企圖，我們穿過了雜亂的神話界，直至理想的完善美。在第一部華爾布幾斯之夜裏，歌德顯示出梅菲斯特領着浮士德穿過魔鬼們的集會，而至撒旦的帝國。「古典的華爾布幾斯之夜」相反地，顯示出浮士德之上升到古典理想的峯頂。這裏告訴我們在原始時代，希臘的想像怎樣創造異常的、滑稽的、或可怖的形象之後，漸漸變爲純潔而產出不朽的典型亞福羅帝特、加拉特、或海崙。歌德想使我們感覺出希臘理想的萌芽，顯出生物的等級，從怪象或可怕的低級醜陋直至美麗的最高峯。這一場盛會之最後的一幕應該是浮士德，新的奧爾芬，從伯爾塞封得到海崙的復活。

不覺地，這幅圖畫的邊界仍在伸展。動作內部的原動力，就是整個愛的力量。這種愛，讓浮士德使一位已死的人再生。然在浮士德之旁，歌德又把何蒙古魯士引到劇情的結構上。這個純粹的精神，希望完善的生活，也引起浮士德熱情的愛。何蒙古魯士由他對眞實生存的熱望，產生另一種關於生命根源的嚴重問題。題旨的中心，漸漸變了位置。這位小化學人的「奇妙的冒險」是照「浮士德」的步驟。一八二六年的草稿裏，這種題旨尚爲一種插筆，但在一八三〇年的詩裏，就變成了主要的意旨。第二幕結尾向伯爾塞封請求一景，還是雛形時，何蒙古魯士的命運已經在歌德想像裏激起一些可愛的畫景。愛琴海的集會與加拉特的勝利，較之第一幕假裝跳舞會還要燦爛得多。其結果是何蒙古魯士由於超越的熱愛與女海神的馬車相撞，而致破碎。這個在一八二六年的草稿尚未出現的壯麗結尾，現在代替了原始計劃的地獄一景，這正是歌德對愛克爾曼所講的「無限地伸展」的部分。

許多讀者都認爲「古典的華爾布幾斯之夜」是這部劇作中之最難瞭解的，且是一種穿鑿與冷枯的喻意，充滿了博學與晦澀的隱語。我承認初次讀後，一定留下莫明其妙的印象。但我相信這種印象要漸漸消散，如果人們進一步深入了作品的精神。第一、華爾布幾斯之夜不是博學的作品。歌德根據的來源，歸結起來很少。他對神話的知識，幾乎全部都取海德里克的著作，除這個主要來源外，他還利用佛斯（註九三）的「神話書簡」（1794）和一部荷蘭作家 Mersius 的遺著 Creta, Cyprus, Rhodur (Amsterdam 1794)。關於古代地理形勢，他是參考 Sickler (Meiningen 1821) 譯爲德文之 Dodwell 的著作 A classical and topographical tour through Greece (Londree 1819)，或許還有幾點取材於 Barthélemy 神父的 Vayage du Jeune Anacharsis en Greece。至於古代材料的來源，他往往依據呂侃 (Lucain) 的 Pharsale。要知道：當詩人著作時，與其說他努力趨於複雜，不如說他趨於簡單。一八二六年草稿裏，他要喚起的神話人物，較一八三〇年詩裏的要多得多。歌德覺得困難的，如他對愛克爾曼所說（一八三〇年正月二十四日，一八三一年二月二十五日）是怎樣從廣大的羣衆中，減少和選擇那些完全與他意志相合的人物。此其所以他後來減去 minotaure, Harpies 及其他許多怪物的緣故。——前邊我曾擧出些激起歌德與會繪畫上的材料，在「古典的華爾布幾斯之夜」裏，詩人故意多多散布些當代的隱語與諷刺的，是反對科學或哲學上的敵人。關於筆戰一部分，如果不加註釋，那是不能了解的。我在法文譯本註釋裏，註釋了必需的地方；但這些謎語於整部的意義毫無關係。如果人們找到了鎖鑰，那些謎語就很容易分解。如此講來，這一景所蒙的責難，反由混雜而令人氣悶的繁註製造出來的。

除非將「古典的華爾布幾斯之夜」當作一種壯麗的大觀，纔可瞭解。其中優美與音樂的部分，是不能上演的。曲文中的色彩是極爲豐富，韻調的變化是層出不窮。一點覺不出疑古的冷枯，新古典的平淡，浪漫式抒情的鬆懈。詩人所表現的人物，決不因態度的莊嚴、拘束、或秩序井然而無趣味。時時刻刻嚴重中寓有幽默或諷刺。卽令半人半馬的怪物希隆——英雄與半神們的朋友亞爾果奴特、奧爾芬、或海拉克賴思的同時代者，——雖說間或描寫成一位多言的教育家，然絕顯不出討嫌。梅非斯特與希臘神話人物的對照描寫，特別顯出一種有趣味的滑稽。歌德讓我們看來好像是一位欺詐的魔術師，用不可比擬的手段，時而召喚一種夢的世界，那裏充滿着雄壯或神聖，華麗或粗野的人物，時而又將幻境裏參加些十分現代的東西，使讀者的情緒衝動得像在一具幻燈之前，在這裏現實與象徵連成一個不可分辨的整體。

歌德把這具幻燈安置在黛沙里（Thessalie），這黛沙里是希臘傳說與神仙的出產地。海喀特(Hecate)的居留處，半人半馬怪物與芳恩們的出沒之所，魔法與幻術極爲流行，奧蘭普山的脚下，張開着地獄之口。地面上人血漂杵：這裏，陂德納（Pydna），波勞士（Lucius A Emilius Paulus）戰勝了麥克當（Macedon）人的國王，那裏，法爾撒路斯（Pharsale），凱撒奪取彭沛的王位。是在黛沙里的高原，當法爾撒路斯的戰爭紀念日，古希臘的精靈們都集聚於此，同日耳曼的精靈在華爾布幾斯之夜集聚在波勞康山一樣，梅菲斯特照何蒙古魯士的意見，以魔外套將浮士德携帶至此。

二 序幕

古典的華爾布幾斯之夜以一種盛大的序幕展開了。那裏，魔女愛利希多——由呂侃借的人物——回憶起在法爾撒路斯的曠野發生過的劇烈戰爭。這裏，大彭沛夢着使他光榮的勝利。那裏，窮兵黷武的凱撒覺到了自己命運的動搖。這裏，傾頽了自由羅馬帝國以及隨帝國而去的無神主義。在血色反照，火光四起的地上，在排成行列的灰色篷帳間，伸展着希臘天才者所創造的神話世界。是在這黛沙里妖提特（Thessaliosìde）的大地上，由何蒙古魯士的領導，梅菲斯特以他的魔外套運載着還在昏迷的浮士德。

愛利希多的顯現對一切生物都是有害的，它們都情願離開她。遊歷者們達到地上。預知在這種生命原素之神話的噪雜裏，可以到找他所需要的眞正生存原則。何蒙古魯士馬上覺到「他的原素：封閉的小玻璃瓶現在用力鳴響和發光，浮士德一接觸希臘的聖地，卽回復他的意識。唯梅菲斯特獨以奇異的眼光，在這些神話的妖怪間蹓躂。他被古代裸體所迷惑，在這些完全與他殊異的希臘人物裏，使他弗知所措，狼狽不堪——這三位遊歷者照他們自己的目標去追求。浮士德尋找海崙的蹤跡，何蒙古魯士探詢生命的原理，梅非斯特試着去發現與他同類的人物。歌德以迅速交錯的插筆，來描繪了古代社會的總圖，使我們知道三個人物所尋求的及劇情的演進狀況。

三　浮士德的追求

「她在那裏」？這是浮士德觸到希臘土地以後，嘴裏發出的第一句話，隨卽用熱烈的情緒尋找海崙。吸引他到崇高美的不可抵禦的興奮，使他穿過了希臘天才創作家所初次創作還未成形的世界。卽令神話界的低級妖怪，他也感到趣味。他還記得奧地普在史芬克斯前面，烏力賽斯在希雷納斯（Sirenes）面前自將蔴繩捆縛。他向史芬克斯打聽海崙的消息，他們無法回答：因爲他們的時代較後。他們讓浮士德去找希隆。在比納浬渥斯河邊，在蘆葦與楊柳的微語，甯芙們和協的合唱之間，浮士德遇到智者希隆。這希隆以前曾負過被提渥斯哥羅伊們從強盜手裏救出了的海崙，且讓她涉過愛妻西斯附近的池沼。希隆陳述絕代佳人的美麗。浮士德決心尋找她身上；因爲不受時代限制的不朽的人物海崙，曾在地上復活過。亞希勒曾超越了時代和命運的力量，得到她的愛。浮士德剛看到她的意象，就希望奇蹟出現，且以他的熱望來復活他所認爲的崇高美。希隆很驚異這種近於瘋狂的熱情，不敢引他到海崙那裏去。他把他引至阿斯克勒比渥斯的女兒，巫女中之最可愛的曼都那裏，因爲她可治他的瘋狂。曼都覺出浮士德超越的性格，果決地給他一種幫助，她指示他往伯爾塞封那條的黑暗走廊，在那裏，這位新的奧爾芬可以伸請訴狀，和宣佈因由。

浮士德從伯爾塞封那裏讓海崙回返地上這一景，始終沒有結束。這一景很在歌德腦裏廻旋。他是把這一他在一八二六年的計劃裏草了一個大概，在一八二七年海崙的獨白中，詳細地敍述。他是把這一景當作第二幕的結尾呢？（「棄稿叢刊」一二三・一、一二三・二、一二四、一二五），還是作第三幕序曲的形式呢？（「棄稿叢刊」一五七）終於將這個計劃全都捨棄了。不成問題，歌德怕人們把這段解釋爲是伯爾塞封的仁慈，或給人們一種印象說這是加拉特顯現的結果。那草稿還能讓我們看出詩人計劃的大概情形。他描寫浮士德與曼都一起到地獄去，他們遇到 Gorgone 頭的危險，在廣大的宮庭裏，他們顯現在伯爾塞封的面前。曼都代浮士德向女皇求情，她援引普羅特希拉斯、亞爾塞士特、兪里底斯的舊例，她並講海崙爲與亞希勒結合，已經復活過一次。浮士德接着以最動人的言辭來懇求，以致伯爾塞封感動得流淚。終於他的願望達到了，海崙在斯巴達的土地上，回返眞的生存。她以爲進入了梅納拉斯的住處，那裏這位新的求婚者，盡力給她易變的靈魂一些好印象而得到她的恩愛。

四　梅菲斯特的追求

北方的魔鬼對古典的華爾布幾斯之夜一點也不發生興趣，這種古代世界不與他同類，且還對他生厭。他之接受何蒙古魯士的建議，因他看到往法爾撒路斯曠野的旅行，可使浮士德回返生命，他不知道海崙的愛能使浮士德回轉的可能性，他反把浮士德當成自己的獲得品。再者，同這些世界聞名的古代魔鬼認識，也不是不快意的事。但開始他就不適意。古代自然主義的放誕與純潔的裸體，與他的性格相反。他以爲古代人過於放誕，他看到這種放蕩，旣無衣服，又無裝飾的姿態，頗不愉快。他的總批語是「可厭的人民」。——他對神話世界的印象異常之壞。他以爲在他們跟前，無需乎很多的禮貌。但馬上他所得的反應是厲聲的拒絕。格列普斯以溷濁的音調告訴他在他們中間得不到什麼成就；史芬克斯以古代的和氣招待他；善惑人的拉彌愛以誘惑的態度諷刺他；他努力追趕她們，但接觸她們時，他手裏所握的不過是一個乾瘦的掃把，一個壁虎從指間溜走，或一個菌子碎成了灰塵。總之，他所找到的魔鬼集會，與日耳曼魔鬼的集會一樣地是妄誕的。在這個令人可疑的地方，聽到七頭蛇（Hydre de Lerne）喧鬧，山嶺從地平面的突起，多根橡樹的阻塞路道，他憐惜北方的松柏。日耳曼的魔女與波勞康的同類。

最後，在魔窟最隱密的地方，終於遇到一種動物，他自以爲與他有親戚關係。草稿裏（「棄稿叢刊」九九與一一三號一），歌德將他時而與葛雷（Grees），時而與可怕的安尼渥（Enyo）發生交談。這位安尼渥的極端醜陋，並未令他失了鎭靜，但無禮貌與淩辱的態度，頗使他有點驚異。定稿裏，歌德將他們換成福爾基亞德(Phorkyades)。這位福爾基亞德，海德里克在他的葛雷一條裏，曾有詳細的研究。她們是海底福爾基斯的女兒，名爲巴夫雷都(Paphredo)，安尼渥與息希斯(Chersis)。海德里克說她們三個共着一個牙，一隻眼。當她們要吃或看時，彼此輪流着用。她們遇事時，將這一隻眼置在頭上，平時則保存在桶子裏。牙齒的長短，視野猪之有力與否爲轉移。她們通常住在無光無太陽無月亮的地方。這些福爾基亞德，海希堯德(註九四)把她們描寫成灰頭髮，紅面孔的老頭子，而歌德把她們表現成可怕的怪物，可怕得連梅菲特斯也認爲地獄裏找不到同類，且使魔鬼們自己也躲避她們。北方的魔鬼在古代世界再不能找到與他性格近似的形相。他用諷諫的恭敬態度，同福爾基亞德接近，諂諛她們，與她們商談，結果，請她們將她們的三位一體改爲二體，而捨棄第三體的形相。在地獄裏，浮士德找到了美的絕對典型，反過來，梅菲斯特也可以在神話的最陰暗地帶，找到醜的絕對典型。

五　何蒙古魯士的追求

何蒙古魯士、一方面他希望把他在小玻璃瓶裏的純精神與純人造的生活，變成眞正的生存。他希望照着「生存」這個字的眞正意義去生存，衝破他的玻璃瓶，如同雛鷄衝破蛋殼一樣。在古代魔鬼集會裏，找到華格納所不知道怎樣安置之「i」字上的一點」(註九五)。他的熱情追求，給歌德一種機會，科學地，像自然主義者似的，在他詩裏探討實體起源的大問題。

開始他先討論地球形成的問題，這個在歌德時代是爭論最激烈的對象。一方面主水論者（Neptuniste）以弗來保（Freiberg）鑛山大學教授韋爾納（Werner）爲代表，說地球的形成大部分由水與海之收縮。另一方面是主火論者（Vulcaniste 或 Plutoniste）以爲構成地殼的岩石，都由地心熱和火山的結果。歌德以極端客觀的態度在「威廉姆梅斯特旅行之年」卷二第十章裏，敍述了地質學的各種學說。

「許多地質學家解釋地面之成因，由於水的漸漸退縮，地面原被水蓋着的。他們的證據，就是在最高山與最低的山嶺上都可以找到海內動物的殘跡。

「另一些地質學家主張更爲激烈，推翻其他的一切說法，認爲一種火在地面上相當存留以後，縮到地球深處，然仍以火山的形式時而在海裏，時而在地上噴發，由繼續的分裂與漸次的流出，造成最高的山脈。他們對反對他們意見的人說，如沒有火，絕不會產生任何熱氣。

「上邊的理論似乎建築在經驗上，然許多人對之並不滿意。他們認爲有許多大石塊，已經成形在地球的內部後，由一些不可抵抗的噴射力，將這些石塊噴射到地殼外面。在這種騷動下，石塊的許多部分，自行破裂與分散在遠遠近近。他們引證許多事實，但如果沒有石塊噴射的假設，一切都解不通的。

「第四種人嘲笑這些無用的努力，他們認爲許多地面的情況均不可解，倘若不承認不管大小的山石非由天空掉下的話。他們的理論，建築在大平原上而能找到許多大大小小山石的事實上，即令今日，還有人認爲從天降下。

「還有三兩位不很出名的地質學家，他們想像有個極冷的時期，從高山極頂直至平原均凍着冰層，像眞正的溜冰場一般。許多原始石塊，順這滑路流下，解凍時間一臨，這些石塊都固着在地面上」。

歌德從一七七七年起，曾一度極熱心地研究地質學，他最先是在土令格（Thuringe）和哈次（Harx）一帶作研究工作，繼而擴大了他活動的地帶，在包愛姆（Bohême）是喀耳士巴德（Carlsbad）週圍，在瑞士是蒂路耳（Tyrol），在意大利是愛特納（Etna）和凡蘇夫（Vesuve），在法國是商柏尼（Champagne）和亞爾岡（Argonne），這些地方都增加了許多觀察的材料。他有很多的搜藏，計一萬八千件。他問他的朋友 me ch 與 Van Knebel 以及與許多專家如 V. Trobr，里昂哈德（V, Leonhard）Cramer, Sternbery，和 Iera 鑛學會的創立者郎次（Lenz）等通信討論。他不是改革家，但是很好的考察者，頗能獲得科學的眞義。開始他極受弗來堡地質學家韋爾納的影響，所以人們認他爲主水論者。其實是不正確的，因爲他不加入任何一派。他探討了幾乎百十種「地球原始的理論後」，不願屬於任何一派。他對主水論者的過火理論，不斷加以批評，同時往往採取主火論者的解釋。將他的基本態度，好像原理一樣，寫給里昂哈德（一八一四年三月九日）說：『要解釋地質之各種形相，無須津津然必以特殊的騷變爲基礎，安靜的與漸次的動作，最合於自然法則』。他以爲當地面從液體或氣體變成固體時，形成核狀，其性質如何，我們不很瞭然，但地殼不成問題是一種花崗石。在這花崗石上，顯出山嶺的骨脈，礦物的原始現象。花崗石上面展開着海洋。這樣以後，由沈澱層的漸漸加厚，就形成土地。他不承認地面的構成由於突起、陷下、龜裂、崩炸等等的震動。他認地面高低現象，由地心火力的衝動結果。在他看來，火山不是由地球外層的破裂，而由地心火使海水猛漲的緣故。

主火的論調繼續在布克（註九六），洪保爾特（註九七），包蒙（註九八）的主張下，佔領了十八世紀的前三十年，極使歌德覺得失望。主火論者的假設，最使他不敢同意的，是對自然的基本看法，完全殊異。他認爲自然的演進是漸漸的、遲慢的、與均勻的，他斥責那些將地球的成因，作爲大的破裂與突起，可怕的爆炸與驚人的變動。不過他的觀察，有相當謹愼。他承認他的看法，如以奧萬尼山（Auvergne）或昂德斯山（Andes）的地質形成來看，或許頗有出入。他並且聲稱絕對的不瞭解，如何阿爾泰山、白山（Mont Blanc）或喜馬拉雅山在地球外層完全形成以後，還能產生極深的溝澗，這些，他寫給友人日耳特「Zelter）說：「不是他的腦子可以解決的神蹟」。

這種筆戰就是在「華爾布幾斯之夜」歌德所插入的對主火論者的諷諫。因不能把海神波塞當（Poseidon）安插到他的詩裏，照希臘神話的說法，這位海神以它的三齒叉使地球傾覆，於是以賽依斯姆這位人物來象徵地震。他把它描寫成一位傲慢，其聲若雷的爆發戶，很自豪地以自己屬於能使山嶺重疊之巨人族，並好似拋球似地拋着北梁與渥薩二山。在地下隱匿着的巨人，以亞特拉的姿態，用他的肩臂努力擧起土地、淺草、與石塊。這樣，在比納伊渥斯河的流域建立了一座山。在這座山的一切裂縫裏生存了許多生物，螞蟻們敏捷地在地面上集聚由洪水帶來的金粒，勤勉的與善於鐵工的比格莫渥斯和達克蒂來們，積極在製造兵器，且對蒼鷺大行屠殺，以其羽毛作盔的裝飾。何蒙古魯士乘此機會在古代混亂中，尋找完全生存的方法。他暗地審察阿那克薩哥拉斯與泰勒斯的對話。在這兩位人物身上，歌德具體化了相反的兩種學說，主火說與主水說。執拗的主火論者阿那克薩哥拉斯稱讚地心火的爆發，在一夜之間可以完成一座山，他已經善意地，將山腹裏蕃殖的生物帝國獻給何蒙古魯士，但不意當黑鶴們伊比科斯爲其親族蒼鷺比格美渥斯及其同類所摧殘而復仇時，阿那克薩哥拉斯從呼喚地下的威力，而轉爲呼喚天上的。他以稱揚的語氣，誇獎三個名稱與三個形象合而爲一的女神廸雅娜、廬娜、黑嘉德。他以爲月亮向地下墜落，突然火山上掉下一塊大崖石，其實這不是月亮而是一塊絕大的隕石，立刻將山頂上生物加以毀滅。這些騷動有什麼意義？懷疑論者的泰勒斯認爲這種奇事僅產生在阿那克薩哥拉斯奮激的想像裡。即令何蒙古魯士也不免譏諷這種騷動，他對泰勒斯漸次與繼續演化的法則，及生命是溼氣的原素生起的學說，加以信任。他跟哲學家參加海的盛會，爲的是那裡要產生生命的秘密。

表現了對地殼構成的意見後，又來討論有機生命的淵源問題。華爾布幾斯之夜的末一景海的盛會裏，歌德說明他對人種起源與動物形象的演化的見解。

這裏，歌德的科學學理，同樣，與當代的學理發生直接的關係。這時候各個人都承認生物自生的學說：巴斯特（註九九）的試驗，僅能證明不能建立某種情形是生物自生，與假設菌類是先行存在的。歌德時代最流行的自然哲學，承認一種假設，說有機生命是由海而產生的。依愛那著名自然學家奧根（Oken）認爲如同其他一切有機生命一樣，最初的人應當產生和生長在海裏，像現在海裏所生的動物似的，例如滴蟲和水母，是在這種「原始凝結」裏看到人類的起源，他說：「出產一切有機體的原始凝結，是海裏的凝結。太陽曬水而水發鹹。太陽曬鹹水而鹹水生活。一切生命都從海來，絕不從陸地。一切凝結體都是活動的。……從海的有機體漸漸生長成一種形體；高等的有機體，就由此而來。愛情是海泡石生的。原始凝結產生後，繼而自動地產生在水、陸地和空氣接觸的海濱。最初的有機物生產在淺水處，這裏有些植物，那裏有些動物。人類也是熱帶與接近陸地的淺海處的生產物。很可能，只有一個適宜時期可以產生人：一種特殊混合的水，一種特殊的水溫，一種特殊的光度湊合起來而產生人，不過這種情形僅是一個特殊的時代」。

自然學者的歌德，對人類原始的假設要較奧根謹愼得多。他虛心下氣接受一切學說，爲的是想在這裏找出原始現象的根源。關於人類在地上的顯現，一八二八年十月七日他與愛克爾曼的談話裏，討論到所有人類是否僅從一對配偶而來的問題。「這種意見，歌德說，我最不贊同。事實上，當地球相當成熟後，水退縮後，土地變成相當的乾而成綠色，於是接着是創造人類的時代。由上帝的全能，人類到處生產在只要土地適宜的地方，或許是在較高的地方，我以爲這種方式是比較合理。如果要深究人類是怎樣變來的，那我認爲是無益，只有讓那些喜歡解決不能解決的問題，及那些沒事可作的人們去解決」。

爲要把這種思想表現在詩裏，歌德在「華爾布幾斯之夜」的末一景裏，給我們顯示出何蒙古魯士與海連合起來，爲的是尋找他現在還在需要的眞正生存。主水論者的哲學家泰勒斯把他領到普羅特烏斯跟前，這位是演化與變換的上帝，建議在潮溼地裏，才能找到生命，並勸告參觀海的盛會，參觀已經開始之加拉特凱旋的儀仗。於是我們看到一羣前進的海神，護着海的女神，羅陀斯島的特爾希那斯們乘着海馬海龍，普西羅伊與馬爾西們騎着海裏的牡牛、小牛與牡羊，陀里斯們都騎着海豚。最後在貝車上顯現了加拉特，她是老納萊的女兒，海洋的女神，海的愛神。何蒙古魯士被變爲海豚的普羅歌烏斯領到女神跟前，更被生活、愛情、美麗的熱望所吸引。他不能反抗地受着加拉特貝車的誘引。在整個被熱烈與強大的願望包圍下，何蒙古魯士向女神猛進，並發出波動的強烈的光，封閉着小精靈的玻璃瓶，因向貝車衝撞而破碎了。從他的瓶裏發出熱烈的火燄與溼地原素相愛地綜合起來，於是希雷納斯們以合唱歌頌着愛情永遠的神秘，及火與水之奇蹟似的婚禮。

六 何蒙古魯士的象徵

關於這一景可愛的歌舞戲，與這位何蒙古魯士奇異的人物的意義，批評界爭論得使人迷了路，人們建立了各色各樣的解釋。有些人（如Weisse）以何蒙古魯士是浮士德對創造新精神的熱情結果。另一些人說他是象徵由語言學與博學所產生的人文主義（如Schröer, Bieischowsky）。某些人認爲他的生存是海崙復活的先導，把他當成一種胚胎，由這種胚胎，繼而浮士德引出海崙的生命（如 Schnetge, Valentin）。另一些以爲他是人類有意識地與奮地走向美的具體化（如Duntzer），或「自然之走向生存的歎息」（如Caro）等等。人們又特別注意何蒙古魯士最後向加拉特貝車撞碎自己的眞正的意義。許多人認爲這種結尾是一種光榮，承認小化學人在加拉特跟前找到了他所願望的生命，且在這一幕的末尾，看到創造的本源，以火與水之結合爲象徵。還有許多人相信何蒙古魯士同愈里菲央一樣，都失敗在一種不可能的英雄意志上，結果產生不能生存的優越創造物的悲劇。因此，鞏都爾富（註一〇〇）認爲何蒙古魯士純粹是「無條件的思想」想變爲有條件的，換言之，就是想變成眞實的，活動的；然在不可能的企圖中失敗了。「他努力穿過一切的原素，一切天然的地帶，走向生存。他願意生，願意有形體，願意完善，願意獲得肉與血，性別，物質，體積，抽象的思想，人類的思想。因爲他是人工的產品。無眞正的生命之純粹的思想，所以最後需要與一切生命，一切形式，一切肉體，一切事物的創造者愛情（Eros）相結合。他熱烈地，意識地走向愛情；但最眞確的知識並不能幫助他達到生命。僅有思想而無生活，僅有關於創造律的知識，並不能創造一個兒童。同樣，僅有人類起源的知識，也不能變成一個人。純粹腦筋的產品，因他的智慧的本身是絕對空虛的緣故，與實在接觸時，當然要生破裂的悲劇」。

現在輪我們解釋何蒙古魯士的主旨與海崙的主旨所生的關係。

歌德的起點總是從傳說。傳說裏所講浮士德與海崙的愛是以梅菲斯特召來的女魔鬼的形式。他起初單純地用傳說的題旨，但馬上就發現它的不夠。浮士德戀一位由魔術召來的妖怪，這是講不通的。海崙的復活，應當是眞實的，因而這位新的奧爾芬浮士德從貝爾塞封那裏，讓自己所愛的女子回返光明，不錯，這種復活是奇異與幻想的，但決不是不合理的。宇宙的原始法律是「愛情」。爲什麼不能理會一種深厚的愛情，由它本身的效果，出乎自然演化的法則外，召喚或復活了一種自己所熱愛的造物呢？古代詩詞裏歌唱那些不朽的象徵，就是由愛情力而使復活的奇蹟。爲什麼我們要拒絕歌德利用這種象徵，喚起「愛情較死亡要強勝得多」的思想呢？

生命既可由熱愛來創造，——換言之，浮士德卽可讓海崙由地獄出來。但生命也可由思想創造出麼？這段何蒙古魯士的插筆，就是來回答這個問題。那裏，歌德照樣的依據傳說。在他以前，十六世紀的化學家們發了這個問題，他們的回答是「是」。歌德再用他們的題旨，但他的回答是「不」。思想，他說僅由思想而來。如果想人工地創造生命，那一定要失敗。不論你化驗和蒸溜多少實體的原素，你永遠不會獲得生命，極博學的華格納在他的彎形蒸溜器中，僅能找到些極細微而不具體化的思想，僅是些純粹的思想，並不是生命，且一點也不是生命。生命只在精神與物質結合後才生。說科學能產生生命，不但是奇蹟，而且是妄誕的，因爲他違背了宇宙的永遠法則。如果何蒙古魯士獲得生命，那與華格納一點沒有關係，因爲是何蒙古魯士自己自動走向生命的高超法則。他獲得了偉大的愛情，因爲他瞭解毀滅的好處，由這犧牲的美德，他情願將精神喪失到物質而創造生命。這是無益的，如果問何蒙古魯士「獨特冒險」的結果，是死亡，或是復活；因爲這樣結果，同時是此也是彼。「蒂婉集」裏一首最美麗的詩「幸運的思歸病」(Nostalgie Bienheureuse)，歌唱一個蝴蝶，牠是光明的愛慕者，且急想得到高超的生命，投入敎堂大臘燭火光裏，在那裏毀滅。這首詩以著名語句結尾說：『如果你不能瞭解「殺身與成仁」，那你永遠不過是一位陰暗地上的陰暗居留者』。歌德，用同樣的意思，認爲生存之最高法則，是神秘的愛情的偉大工作。由愛情，創造物情願死而再生高超的生命。何蒙古魯士的結果，不成問題，是一種幸運的思歸病，「殺身與成仁」詩的象徵。

現在可以看出我與上邊引的甕都爾富之解釋所不同的地方。他以何蒙古魯士的結果是悲劇的；然我看海會的結尾，一點也不給我如此的印象。兪里菲央與何蒙古魯士間毫無相似處。前者是顯揚兪里菲央——拜倫悲哀的羅曼思，後者是讚美神聖生命的凱旋。純精神的小化學人，感到他所達不到的充實生命之熱烈需要。在充滿了無限愛情的加拉特不朽的美麗之前，在富於豐盛與蕃殖的生命的海之前，他樂意的付與必需的犧牲，要這種純粹精神眞正存在，應該破碎自己的玻璃瓶，因爲這個玻璃瓶使他與世界隔離。最後應當自行死亡，爲的可以分散到有面積的實體。靈魂與肉體神秘地結合後，才能有生命，這種精神的神聖犧牲是捨棄空虛，而具體化到物質。何蒙古魯士走進眞的生存，係由愛情和死亡之門。這種純思想的犧牲，外表上是悲劇的，實際上並不是敗北而是勝利。

第七章 第三幕

一 結構

我以快速度將海崙一幕次第構成的萌芽敍述一下。德意志通俗傳說裏，海崙是梅菲斯特爲滿足浮士德肉慾而召喚的女魔鬼。她之顯現，使浮士德的道德墮落到極點。他和這位女妖怪發生關係，生出小浮士德（Justus Faustus）。小浮士德和他的母親同時消失，當魔術師死後。以歌德看來，海崙反爲古代美的具體化，從這種熱烈的興會，使北方人趨向地中海的自然，趨向古典的藝術，趨向古希臘：這些是歌德旅行意大利時的心情。浮士德對她的愛，一點也不是被禁的，或罪過的。然在原始草稿裏，海崙回返生命仍由魔鬼的法術。第一次在萊茵河流域，繼而在斯巴達。這種情形僅能算是半實在。一八〇〇年的斷片，就由這個意思去寫。但歌德停止了，因爲他不能把女主人翁寫成一位魔女。有一時期他想把海崙回返生命的主旨，寫成嚴肅的悲劇。繼而他又想梅菲斯特是不能參預海崙意象的召喚，尤其關於她的復活。浮士德自己就可完成這種事業。浮士德往母親國去，往華爾布幾斯之夜，與向貝爾塞封的懇求，三個意旨就由此而來。海崙現在不是妖怪了；我們應把她認爲幻想的生命，因爲她不受時間空間的限制，與 Euripide 的海崙是同樣眞實的。這是歌德在一八二七年決定將海崙一幕與其他分開而稱之爲一具幻燈（Fantasmagorie）與「間幕」的緣故。但他怕讀者誤會他寫的這種動作是浮士德的「夢」或無意識的『幻覺』；他的眞正意思，是想使人物眞實地在幕景裏存在；所以這一段的插筆，以前雖暫時的作爲間幕，然馬上認爲這是主人翁演變上一種必需的與邏輯的步驟。他隨卽特意修改前兩幕，把海崙插入。一八二八年給他的朋友 Zelter 寫：「我熱心繼續我的工作，把前兩幕修改得使我的海崙很自然地成爲第三幕。相當的補充後，她從此不再是幻夢與註脚，在全部作品裏，可找出其美學的與合理的邏輯性」。

二　海崙的回返生命

照貝爾塞封的允諾，海崙回到了希臘的地土。她同一羣被俘虜的特洛亞婦女，似乎顯現在斯巴達她父親譚達爾的宮殿前。當回來在路上時，梅納拉斯的陰鬱與不可捉摸的態度，使她不安與憂慮。她不知道自己是以妻子與皇后，或俘虜與犧牲品的地位回到宮庭。梅納拉斯命令她住到宮裏，並預備受洗的犧牲典禮。這種命令是什麼意思呢？她不知道。她只有聽從命運和神們的意志。但她剛進入宮殿，就有一種可怕的現象顯現，使她逃避。梅菲斯特在福爾塞亞斯的裝扮下，出現在她的面前，且以傲慢的態度阻她進入。繼而，他又顯現在宮殿的臺階前，恐嚇合唱。他的言辭，使海崙的靈魂起了絕大的騷亂。使她回憶以往的生活：十歲時就被特賽烏斯盜去，繼又被喀斯多爾與波魯克斯侵佔，四周圍着求婚者。她喜愛巴特羅克魯斯，但她父親把她嫁給梅納拉斯，繼又被巴黎斯刼走。實在的事實中加上想像：在埃及與特洛亞的兩個海崙，及她與亞希勒超時間和反命運的戀愛。梅菲斯特這樣在海崙的精神上，造了不可消散的混亂。她也不知自己是妖怪，或是否眞的生存，抑昏迷未醒。她剛回復了意識，梅菲斯特就宣告可怕的命運等着她；梅納拉斯氣得很，他要報仇：她就是命運的犧牲品。至於她的同伴們，像處置奧底賽的不忠誠的侍女們一樣，掛到宮殿梁上，處以可恥的死刑。她只有一種方法得救：就是逃往蠻夷，這蠻夷在金美遼伊的夜裏，在歐羅泰斯的流域，建築了一座古城。雖說她對引導她的可怕的創造物深刻地厭惡，雖說蠻夷引起她的僅是敵愾與不信任，但在她的隨從們羞恥的處死之前，海崙決定了意向。梅菲斯特達到了目的，他成功地把希臘美女抛在浮士德的懷裏。現在應該講浮士德的征服海崙。

三　海崙往浮士德的宮殿

次一景是最精妙的浮士德與海崙，日耳曼世界與希臘世界，浪漫主義與古典主義接觸處。

福爾基亞斯領導着，濃雲保護着，海崙和她的侍從們達到了蠻夷的城池。當雲霧消散時，她們發現在奇異構造的奇特的宮庭裏。迎她們的，是由穿中古時代服裝的貴族、軍人、侍臣與兒童們組合的儀仗。儀仗的起頭，浮士德帶一位被鍊子鎖着的罪人：這是守塔人林克烏斯。他被海崙的美貌所昏迷，被不可抵禦的愛所征服，因而忘記了他的職務，忘記向主人宣佈新客人的來到。被愛情瘋狂了的林克烏斯把自己千辛萬苦得來的財寶通通獻給女王，這些東西現在在他的眼裏毫無價值。同他一樣，浮士德以文雅的騎士態度，俯伏在她的面前，他宣告她是宮內一切的主宰。他讓她坐到寶座，並宣示他自己也是她的侍臣，而求於她的，僅是分享他的王國。在這種懇求的言辭裏，顯出了浮士德偉大的靈魂。被這種讚美所包圍而致驚異的海崙捨棄了自己的偏見，漸漸被蠻夷所用之帶宗教性的愛慕所吸引。爲對海崙更要表現出自己的完善天稟，浮士德捨棄本國的詩韻，模倣古典的韻律來講話。不過海崙仍然覺出希臘的音樂韻律不夠用，於是她現在也試着用散文來言談。

雖然福爾基亞特想阻止這種剛生的愛情，說梅納拉斯率領大軍要懲治強奪的人，然不生效力。浮士德已決定以忠於他的軍隊作抵抗。甚而他預備將所有戰利品，都分散給他日耳曼、戈特、法蘭克、撒克塞、諾爾曼的忠臣們。斯巴達的女王，他們共同的主宰，給他們各個人一種權利。由這些忠臣及軍隊，浮士德與海崙敢於和盛怒而無能力的梅納拉斯挑戰。被蠻夷戰勝後，海崙跟她的新丈夫來到一個理想的亞爾加提，那裏，如天堂一般，這兩位日耳曼人與希臘人過着光榮與安靜的超越自然的戀愛生活。

用奇異的手法，歌德遮蓋了這些幕景基本的不可能性。這不是夢；海崙也不是幽靈，她是復活，且歌德的意思是要讓我們把她看成眞人。然我們怎麼能想像她是眞的生存呢？詩人把我們引入的是那個空間？與那個時間？什麼時候梅納拉斯曾與日耳曼的強奪者戰爭過？再不然，他講的僅是一種幻想？浮士德在海崙面前慷慨，與在梅納拉斯面前勇敢，其價值在那裏？他在女王面前演一種丑角脚色麼？他假裝進入幻覺，而他知這是幻覺麼？關於這些問題，沒有任何的回答。歌德的藝術功效能避免讀者發這些問題，讀者只接受這些象徵的想像，而不追究其中的實在性如何。

四　亞爾加提裏面

用同樣的技巧，歌德表現了浮士德與海崙的單純冒險，他們戀愛的結果，以及所生的兒子兪弗里央。兪弗里央之如神童般的漂亮，他之亂雜的生活，與悲慘的死亡，最後海崙消逝，往地獄找她的兒子，浮士德手裏所餘留的，僅是她的衣服與她的面紗。現在說明一下這段的意義。

浮士德傳說裏就有浮士德的兒子小浮士德，賦有先知才能的兒童，後來浮士德博士死後，同他的母親一起消逝。同樣，希臘的傳說裏，海崙與亞希勒在勒克（Lauke）島也產一個兒子兪弗里央。原始計畫裏，我們已經可以找到純幻想的浮士德與海崙的兒子，這個兒子不許他越過某一河流。他聽到了河流對面的音樂，看到農民與軍人跳舞，於是他越過了魔線，參加到裏邊去跳舞，因某種刺戟，他又參加打架，且打傷了好幾個跳舞的人，因而被劍刺死。繼而，教士們想佔據浮士德與海崙曾在那裏結婚的宮庭，浮士德用力打退他們，向他們宣戰，終於得到許多財寶和給他兒子報了仇。我們好像處於整個的幻想裏，如想在這裏找寓言的意義，那是很危險的。

在定稿裏，寓言的趨向是很明顯的。希臘美（海崙）與日爾曼巨人主義（浮士德）的兒子兪弗里央，從他的母親得到美貌，從他的父親得到對無限的心願，對上天的熱情，因而把他表現成跳躍的行爲，愛情的瘋狂，戰爭與決鬪的愛好，以及魔性的瘋狂而使他總想飛翔，雖說他沒有翅膀。立刻，這種過度的性格到處散佈着騷擾與混亂，以致增加了他雙親的憂懼，且也因此失掉了這位可愛的少年天才者。繼而，合唱也預先猜到了浮士德與海崙結合的瓦解。終於禍患發生了，在一種突然的熱狂下，他從他所攀登的冒險最高點跳躍，這位新的伊卡路斯（註一〇一），跌碎在他雙親的脚前。

我以爲這種寓言是明顯的。歌德在一八二九年十二月二十日像我在上邊曾經引證過他與愛克爾曼談說的話，他認爲兪弗里央就是第一幕裏的少年馭者，都是象徵詩。很難否認這種解釋：雖然後來歌德修改第一幕時，特意捨棄了這種意旨，但並不見得他改變了看法。我以爲這種一致性是同一的要素，而應用於兩個形象，馭者與兪弗里央是同一原則之兩個不同的人物表現。這原則，可稱之爲詩，但兪弗里央不止具體化了通俗語言所謂的詩。這位新的天才者，浮士德式的巨人主義與古典的人文主義的兒子，既不止是詩的，也不止是人工的，而也是如 Baldensperger

（註一〇二）所十分正確地指出的革命的、好戰的。總之，照尼采的說法，他是底奧尼索斯之徒（註一〇三）。這位現代的天才者，不止具體化了浪漫藝術從納瓦理斯（註一〇四）與貝多芬到達拉克魯渥（註一〇五），華格納（註一〇六）或尼采，而且也具體化了從法國革命，直至俄國的共產主義，世界上所有不斷發生的偉大的反抗精神，和從拿破崙直至世界大戰，因個人意志的強烈而彼此爭霸，使世界成了大悲劇的自我精神。這種改革者的精神異常豐盛，他奇異地伸長了人類的能力，改變了地球的面目，且徹底推翻了我們一切的生存。歌德，這位標準與調協的「保守者」，有相當宏大的智慧與度量，同時，也有相當的勇敢，向這種精神講句「是」的話，雖然他覺出他與它如此地殊異。他了解它，讚美它，深厚地愛好它；但在他高遠的智慧上，覺出了它之不可救藥的缺點：過火。他預告了它英雄的、光輝的、榮耀的、然而暫時的命運，其結果必然是覆滅的。

歌德在兪弗里央的輓歌插筆裏，想把他的思想，在現代天才家拜倫身上具體化，他對拜倫的人格與作品，十分欽佩，在密索隆歧（Missolonghi）悲慘的死亡，使他異常感動。一八二七年七月五日，他與愛克爾曼談話裏，很清楚地表現了他的意向：『以現時詩界的代表論，我不能不推崇拜倫。不成問題，他是這世紀最偉大的。並且拜倫不是古代的，也不是浪漫的，他是現在的時代。我很需要這種性格。還有與我適當的，是他不滿足的天性與好戰的本能，而使暴卒到密索隆歧。當初這景的題旨完全兩樣，結尾是很完美的，我現在無須乎再向你敍述。繼而，拜倫在密索隆歧的事件發生。我馬上捨棄上邊的題旨。但你注意到沒有？在輓歌裏的合唱是完全關係他的情形。從這裏起，處處與他的性格類似，這都是少年們講話。並且從此突然變得嚴重，講些少女們所永遠不會想到，且也不能想的高深哲理與事物」。我們可以看出：歌德不是想到拜倫而來創造兪弗里央。甚而他還給些特性，一點也不與 Childe Harold 的詩人相合。尤其兪弗里央是一個跳躍者，受不了任何的束縛，永遠需要活動來滿足他四肢的神經。人們已考證得很明白，拜倫的脚是天生的彎曲，由這種錮疾，使他終生痛苦。這樣講來，比擬的人物與所影射的個人完全不同。沒有可疑的餘地，拜崙的影射，僅是事後纔到歌德意識裏。再者，斯米特（Erich Schmidt）由研究原文，指出詩人寫這首輓歌是很近的事。歌德所以把拜崙寫到作品裏，因爲革命家、詩人，與死在戰場的拜崙，由他看，幾乎是一種理想的典型，如他要讓兪弗里央所象徵的。但象徵在詩人的意識裏，是先於實在的個人。浮士德與海崙的兒子的悲劇命運，並不由拜崙死於密索隆岐所引起。歌德的意思，這種命運是對於現代天才家們一種鄭重的勸告：如果他順過度的熱情去走，如果「對地上的法令不忠實」，如果他不能把持着自我，和把持着度量命運的適當尺度，那末，他要犧牲到覆滅與喪亡。

五　海崙及其侍從的消逝

兪弗里央之死顯出浮士德與海崙結合的瓦解。在原始計劃裏，海崙的消失完全是偶然的。因爲兒子之死而苦痛的她，除去指上的魔環，這環是使她再生的媒介。在定稿裏，歌德抹去了這種魔術的性質。海崙消逝，因「生命和愛情的帶兒都已中斷」，因「美和幸福不能長遠相連」（九九四〇句以後），一種苦痛的命運，不可抵禦地繼着愛的兒子，把她牽引到貝爾塞封的王國，這裏以前曾由愛人浮士德的懇求把她請去。最後一次她投到她愛人的懷裏，但肉體消逝了，在浮士德手裏的，僅是她的衣服與面紗，後來這些東西，也化成雲彩載着浮士德走向最高山頂。與女皇同時，那些從她回到生命的侍女們，也消逝了。以歌德的意見，原子是有等級的，有些是微小的與柔弱的，僅爲低級的存在；有些是強力的，主動的，它將其周圍與他接近的東西統統吸收來，變成它的順從者，爲他服役。但「死亡的時候，主要的與中心的原子，免除了以往對他忠心的侍從者之服役」。這些優等的原子，如歌德所謂的「靈魂」，是在貝爾塞封的王國裏繼續存在的。那裏，浮士德的愛可使海崙復生，海崙也可找到兪福里央。因爲絕對忠誠的關係，領導合唱的邦達里斯（Panthalis）不可分離地連系着女皇。由這種緣故，他同海崙完全一樣，且在海崙之旁，他也成了不朽的人物。至於組成侍女們羣的輕微的靈魂，爲什麼她們也回到可厭的地獄去呢？她們也是不朽的，不過沒有獨特的性格，屬於生命的原素，圍繞在主要原素的四周。「低級的原子，歌德講，是服從高級的原子，它們生來是爲服從的，不是爲它們自身快樂。這是很自然的現象。以我們的手作個例看。這手生來就是主要原子的一部分，牠與主要原子有分不開的連系，時時在準備着服從。我由於手指，可以彈奏音樂傑作，我可以順我的意志讓我的手指觸着那個鍵盤。這樣，它們給我供給些高等精神的享受；但他們是聾的，祇有主要原子纔聽得着。因此，我不能假設我的手或我的手指對我的音樂玩意，很少或一點也不生趣味。如此，這些少女們的靈魂，是海崙回轉到生命的王國時，吸取而爲她服役的低級原子。現在她們免除了服役，混合到與她們同類的原素裏：林神或山神，水神或酒神，她們都很愉快地沉溺到大自然的懷抱裏，在數不清的生命裏，她們是永遠活動的一部分」。

六　海崙一幕在整部作品中的地位

這樣，我們整個了解海崙題旨在浮士德心理演變上的意義。這種使浮士德趨向希臘女英雄的熱情，正確地講，不是一種「引誘」，給不了他一點什麼危險。在葛萊卿之前，浮士德感到複雜的、矛盾的衝動，卽自私與粗野的肉慾的願望，和眞正的愛情，同時產生。他以低賤的與高超的「雙重靈魂」來愛這位可憐的少女。在海崙之前，浮士德靈魂裡一切不調協的成分都消失了。是的，他以官感喜愛這位女英雄，但他被她所吸引的，尤其是純潔的肉體美與完善高尙的靈魂。他被她所誘惑的是由德智體三者分不開的整體，他喜愛，因爲她是人性美最完善的模範。這種愛，梅菲斯特一點也不會享受的。是浮士德下到母親國，找到了三脚鼎，由這三脚鼎召喚了海崙的形相。是浮士德爲獲得他所愛的人，穿過古典的華爾布幾斯之夜，並從貝爾塞封那裡得到海崙的復活。知道用怎樣懇摯與勇敢態度贏得她的愛，也是他。在理想的亞爾加提裡，享受情人們所常有的無限的幸福。他在海崙身邊享受了無懊悔，無憂懼，無痛苦的高尙福氣。他完全逃避了梅菲斯特的企圖，這種企圖是阻止他走入此種冒險的。梅菲斯特逆意地，扮着古裝跟浮士德走向希臘，且在絕對醜陋的形象下，想擾亂這種協和的愛情，一點也不生效力。

無疑地，如果浮士德與海崙的愛要繼續永久的話，一定發生無限的問題，就是說愛情的享樂，即令對超越美的愛情，是否要減輕人格的優越性，許多批評家看到那是使浮士德失敗的「誘惑」。爲解釋浮士德怎樣能避免危險的緣故，李凱德（Rickert）就想像說：在兪福里央身上，也象徵化了浮士德偉大的靈魂，他得幸福後，馬上就把這種幸福毀滅，爲的再去作別的冒險。從歌德詩的原文裡，我看不出能引起這一類假設。我一點也找不出那裏是詩人想指出浮士德與海崙的愛有點兒「危險」。我很相信，歌德的意思以爲海崙的復活，僅能是「暫時的」。由他熱烈的情感，浮士德很可能把海崙召轉，同她過不可比擬的戀愛；但他僅能是「暫時的」，如同他以往能暫時召喚地靈一樣。這種顯現暫時的與無常的性格，好像是不能免的命運。歌德幾乎平行地給我們表現了浮士德的幸福，與這種幸福的結果。喪失是緊接着獲得，——當然是苦痛地喪失，但一點也不傷心，因爲它沒有引起任何悔恨。這是一種奇妙的間幕，絕妙戀愛之夢的必然結果。這也是浮士德對愛情生活的永別。我以爲歌德並沒有想把這種永別表現成誘惑的勝利。

作爲第四幕開始的美妙的獨白裏，歌德以動人的情調，描寫在浮士德面前所顯現的卓絕意象，這意象係由他兩次戀愛而來。這兩次戀愛，曾使他生活光耀。海崙的衣服變成一朶雲彩，把他帶到一個高山的頂峯。雲彩離開後，他的周圍顯出海崙的美妙形體，遠遠像雪山似的，「返映的暫時的日子的重大意義」。然在浮士德的四周，還顫動着「輕柔與光耀的霧帶」，這種霧帶，眩目慢慢地如戀戀不捨地漸漸上升，繼而，凝歛成一對形體，浮士德認得他少年時的愛人，這種他以往剛剛覺得的無限價值的「青年時代的戀愛」，並且這個風采奕奕之愛人的意象，如同「靈魂美」似的，向空中上升，將浮士德善的靈魂也一同帶往。不見得沒有憂鬱的情感，當浮士德看到這兩個曾經蠱惑過他生活的美麗造物，消逝到天空的深處。對他，這是他與戀愛生活的永別。這也是歌德在馬里央巴達(Marienlad)與 Ulrigue de Levetzow 短短的戀愛後所感覺的情形。他在浮士德裡以仍帶熱烈思歸病的韻文，歌唱這段苦痛的經驗。但這裏並沒有失望與後悔的情調。愛情離開他的時候，他同時也就發現在愛情之後，還有一種新的生活理由：「有益的行為」來塡補他關於海崙的喪失。

第八章 第四幕

一 結構

第四幕好像是「浮士德」二部裏最後出現的一部分。原始計劃中，一點也找不出與此有關的敘述。一八一六年的草稿，說海崙與她兒子消逝後，梅非斯特爲安慰浮士德計，想激起他「財富的愛好」，這草稿表現修道士們強佔了浮士德與海崙曾經戀愛過的城寨，且由他們的咒語，攻破了浮士德的魔環。於是梅非斯特勸告他要努力，並供給他三個壯士如第四幕裏所顯現的粗暴者、敏捷者與固持者作爲救兵。這樣，浮士德自覺有相當實力，不需梅非斯特的協助而向修道士們宣戰，結果，爲兪弗里央的死報了仇，(他是被聖劍殺死的)，且獲得大宗的財富。不論這個故事，以及以前一些與這段似乎有關的棄稿，都不能使我們淸楚看出，歌德想以勢力與財富的誘惑，作爲第二部分之主要題旨。無論如何，看不出歌德想在第四幕繼續寫第一幕的意思，講浮士德之援助皇帝，打倒僞帝，爲的是想得到海岸地帶，作爲他實施大事業的計劃。再者，「鮑濟斯與斐萊蒙」一景裡，開闢新地與民衆領袖之浮士德題旨，很詳盡地描述，也是最後才寫作的。所以我們斷定第四幕的主旨，與第五幕的開端，都是新近的東西。第四幕的題旨很合乎古代的傳說，傳說上的浮士德自誇莎爾第五（Charles Quins）的勝利，完全由於他的參加。一種一五八七年的浮士德傳說，反說他以軍隊來援助莎爾第五的仇敵。有些魔術師，尤其浮士德有一種聲望說他能恐嚇敵人，且用他們妖怪軍隊的伎倆，可以必操勝算。

第四幕的創造是艱辛困苦的。一八二七年五月二十五日給日爾特的信裡，講歌德完結了海崙一幕後，馬上就寫這一幕，並且這時正計劃浮士德與梅菲斯特的晤面，作爲新的動作的開始。但不久他就捨棄了這樣工作，而修正第一、二兩幕之與海崙有關的地方。一八三〇年的開始，當他快要完成「華爾布幾斯之夜」一半的時候，他希望很快地將這一部書結束，正月二十五日他寫信說：「第五幕可說是完了，但第四幕依然是原樣」。可是他沒有想到「華爾布幾斯之夜」很讓他化點時間。第二幕一脫稿，未幾他就得劇烈出血病，這是一八三〇年十一月十八日的事。一八三一年開始，他仍然什麼也沒有作，於是他給日爾特一信說：『也不知道什麼時候神們纔幫助我完成第四幕，沒有人知道』。直到二月他才從事工作。「我有新的意向，塡補從海崙的插筆，直至第五幕止所有一切的缺漏。用一種詳細的計劃，把前後總連起來，這樣我可隨時和很有把握地在適當機會，增添各個段落。如此，這幕重新有一種特殊性格，成爲另外的小世界，與前後好像不接連，但以簡短的隱語，使其與整體有關」。當二月十七日他裝訂第二部全部手稿時，第四幕還缺着，以白紙來代替。僅在五月完結第五幕的開端時，他才一鼓作氣修改了第四幕，而完成還在八月二十八日。

二　主火說與革命

海崙與格萊卿的顯現像兩種輕飄的氣體消逝後，（參看第七章第五節末段），浮士德獨自停留在山頂的野景，韻調突然改變了，齊整的希臘三脚韻詩，重新地繼以德意志之 Knittelvers。梅菲斯特穿着日耳曼傳說上的七哩靴，來在浮士德被海崙衣服變成雲彩所載到的山頂。如同在「森林與洞窟」一樣，他問他的同伴何以降到「陰險的開口的岩穴裡，且對他解釋他很認識這種境地，他說這裡是地獄中最深的地面」。由此，他以嚴肅態度向浮士德宣講他的山脈原始主火論者的議論。當上帝把魔鬼們驅到四圍都是火燄極深的底層，地獄裏就瀰漫了硫酸與硫磺的臭氣，因而使如是堅厚的地皮都粉粹爆裂，一切都徹頭徹尾地改換了。以前的底層現在變成山巔，山上的碎石都抛擲遠處，地面上形成異樣的怪狀，這樣的造成了通俗傳說上所謂的魔岩和魔橋。大衆生活如同自然生活一樣，到處都是騷亂、暴力、蠻橫的舉動。——很明白：歌德在第四幕的開始仍然繼續着「古典的華爾布幾斯之夜」裏，反對時髦的主火論者的筆調。梅菲斯特式的議論，不論在地質上與政治上，處處都是災害與革命。而浮士德以堅決的懷疑主義，取相反的地位。他不願追究山脈的來源，他僅欣賞地球上現存的調協組織，並以宇宙的歡樂裏沒有再比「狂妄的跳動」更爲無益。

三　權力的獲得

在簡短的出乎題外的辯論後，主要的動作開始：梅菲斯特施行他引誘者的脚色，問浮士德在這座山的高處見過了「世界上許多國家及它們的繁華後」，不會沒有什麼感想。現在他以「權力的誘惑」，如同「聖經」裏魔鬼對耶穌似的，在浮士德眼前施展。

第一幕裏，浮士德好像沒有什麼確切的意志，而讓梅菲斯特把他引至皇帝的宮庭。他願意接受新的冒險，擴展他經驗的範圍。同時，他也被對象不甚明確的行爲推動着。以極普通的方式，他想用天才創造者的熱心服務皇帝。梅菲斯特希望浮士德接受榮耀的誘惑，自行陷到宮庭生活危險的行爲中，所以他趕快利用機會，僞造了紙幣而加重帝國的災害。但這事與浮士德幾乎是完全無關的。事實上，在第一幕裏浮士德不知道什麼叫「誘惑」。他以象徵的裝扮出現到宮庭。他爲娛樂皇帝計允許召喚海崙與巴黎斯；他一點也沒有堅決的目標，僅讓梅菲斯特去活動。他變爲自動的，僅在海崙的插筆裏，因他對海崙的愛，才有一個時期變爲自動的。他重新恢復了意志，當他全心注意到美麗燦爛的夢境消逝了的時候。但他這次決定一種十分明確的計劃，這種計劃，不由魔鬼的引意，而是當他觀察了面前展着的宇宙後，從深心湧出的。他讓梅菲斯特猜度他的願望對象。

魔鬼完全誤解了智慧巨人的靈魂裏所充滿的願望。他願意成爲繁華城市的尊嚴主宰，那裏他可以行施功利的行爲，尋找較安適與較好的生活麼？浮士德拒絕了這種提議，因爲他知道趨於財富與安適的物質文明，其結果一定是不滿意，——他願像一種帝王如路易十四或路易十五那樣，住在莊麗宮殿內過着奢華的生活嗎？同樣，浮士德輕藐地說：「惡劣與模登！撒達那巴爾的作風」！（註一〇七）——再不然，他是希冀榮耀？「你是顯然從女英雄們那裏來的奇人」。這一次魔鬼又錯誤了。粗俗的野心，宮庭的繁華，空虛的榮華的誘惑，都吸引不了浮士德。「我要，他對同伴宣稱，獲得支配的權力！「行爲」是一切，「名聞」總是空虛」。在海潮漲落的一片荒蕪的景象前，浮士德想用堤擋住海水，獲得一塊新的陸地。這種偉大事業是他願意作的。

要知道這樣心願在浮士德內心裏起了很大的改變。第一部裏，他把自然與上帝混合：他想在自然中，找到安慰與和平，他以熱情與虔誠的心腸觀賞自然，爲的想在那裏發現主宰宇宙之創造與演化的法則。第二部的開始，他仍然認爲自然是母親與安慰者，她們注意於子女們的是撫慰與安全。現在在他看，自然仍不失是神聖的力量。但它也是「盲目的」力量，人們應當知道怎樣超越，且應當改正它的錯誤。歌德現在以「Homo addit us naturae」代替自然上帝，在所尋找的神聖的神秘「in herbis et lapidibus」之後顯出一位專家，他正在籌劃，並打算命令自然和修正自然。

然浮士德仍沒有達到卓絕的地步。在他還有着感官的享樂；他剛逃脫了美的享樂，與美的欣賞的享樂，他現在願望着「行爲」與「創造」的享樂。（照着棄稿叢刊一的計劃）但要知道這種追求，仍帶幾分「自私」的成分。在理想的工作裏，他不僅止找尋「工作」，也找尋一種「個人的享樂」，一種「藝術家的快樂」。這種享樂，在歌德看，一點不是罪惡，但它可以引導人到錯誤與邪惡，如我們後邊談到的。

這還不完。爲達到他的目的，浮士德還不敢信任他自己的力量，個人或集團道德的與自然的才幹：他又來倚賴梅非斯特及他的魔法。他所願做的工作是良善的與正當的，但爲徹底計，他太沒有節制地讓魔鬼來站到他的地位施行法術。曾拒絕過召喚海崙的梅非斯特現在馬上願意合作。他勸浮士德利用因戰爭與混亂，使國家不安的機會，爲獲得國王的恩惠，得到海濱的封地。

這位少年皇帝由於梅非斯特魔術的、想像的財富所欺蒙，企圖全世界都屬於他。他以爲「治理與享樂是並行不背」。然這是不可能的。「享樂往往使人成爲卑鄙的性格」。浮士德說：國王應當是一位犧牲者，應當在他命令與威權之中，找到幸福。從此叛亂蔓延全國，普遍地爭戰，各個都變成了背叛。當皇帝在意大利加冕時，曾援救一位要被燒死的扶乩家諾齊亞，因而引起修道士們的仇恨，教會一點也不原諒他。將他們的勝利品奪去。最後，國家好的份子都背叛了。並且或者由於修道士們的煽動與參預，人民們舉出僞帝，平定天下。浮士德對這位被人人都背叛的勇敢與正直的國王，異常憐憫。梅菲斯特鼓勵他幫助國王，並給他一切需要。對軍事知識一點不知的浮士德，逆意地指揮他聽不到的事體。但是魔鬼戰勝了一切的困難。對浮士德講，這種作爲正是爲得皇帝的感激，獲海濱采地之必要的手段。在這海濱，他可以施行他的活動。浮士德在這種條件下，願意如此，任命他的同伴看勢行事。

時間緊張了。僞帝樹起反叛旗幟，以軍隊威嚇皇帝的軍隊。戰爭開始，皇家隊伍集中在適當的地點。右邊是容易守的丘陵，左邊是峻嶮的山嶺。但叛軍衝過了這個陣地，哨兵們帶的消息，便使人不安，革命地帶逐漸擴大，羊一般的民衆，盲目地跟着叛軍的旗幟。在這危急之秋，這位少年國王突然顯出勇敢的氣概：「來了一個僞帝，他自傲的叫道，於我殊爲有利，我如今才覺得我是個眞正的皇帝」。但這種勇敢的激發，不免有點稚氣，他穿上鎧甲，向敵人挑戰，想掃除悲慘的戰爭。他這種勇敢的挑戰，不但沒有效果，反引出新的凌辱。皇帝現在不能施行他最高的職權，他自己拋棄了最高的軍事長官，把將領的權力，交給一位自負很高然無才能的大將。與浮士德和梅菲斯特對照，他的行爲不見得不矛盾。浮士德同梅菲斯特與三位壯士，當作扶乩家諾齊亞的遣使，顯現在皇帝面前。因爲他以前曾在宗敎裁判所，將這位扶乩家拯救。因而幫助他消滅由修道士們的陰謀所造成的背叛。皇帝深爲逆意，因爲魔術家用這種樣式來幫助他，然終於也接受了。

戰爭開始，勝了幾個小仗後，情形變得很危急，敵人越過險的山巖，隘道要被佔據。大將顯出了無能，他把敗北的責任，完全推到不應任用的魔術師上：「這種妖術，他說，決不能將穩固的幸福招致。我沒有方法，可以挽回形勢。他們既開始了此事，就請他們收拾。我謹將指揮棒奉還」。皇帝也同樣的沒有辦法，得不到正當的解決。對於魔術的援助又懷疑，他以最凌辱的態度，咒罵浮士德與梅菲斯特，然同時，又不得不信任他們。他拒絕接受大將的辭職，且對梅菲斯特說：「這條棒我不能交你，因你好像不是適當的輔弼」。然他又矛盾地說：「但你儘可命令，將我們救濟！事情如何，只能任其自然的推移」。他和大將同進帳幕，為的是在無為中聽到戰爭的消息。他捨棄了他所挑出的戰爭冒險。

梅菲斯特召喚山上的精靈們：由於魔法，精靈們在敵人隊伍裏放射一種幻覺，使他們在已經勝利裏，因幻覺的禍害來臨而逃遁。

皇帝不知道打勝了，他不會利用這偶然和魔術的勝利。勝仗，不但不能穩固國家，反促其傾覆。由他不深知勝利的眞因，由他可笑的誇口認功德應屬他的臣民，由他胡亂地將官職與土地分散，由他的淺見將優越的主宰權捨給大臣，由他的膽小懦弱過分地向教會認捐，以致國土瓜分，皇權喪失。唯有浮士德得到勝利的實惠。當戰爭時，他住到後防，讓梅菲斯特及其侍從們去指揮。但他終於得到了他所願望的報酬。一八三一年五月十六日的草稿裏（「棄稿」一七八），歌德大概地計劃了一景，在皇帝向他忠臣們分配報酬後，浮士德顯現，並陳述他的意見：他願意要海洋的不毛之地，作為采地。國王允諾他的要求。歌德還給我們留幾句詩，那裏講浮士德跪在皇帝面前，想求得騎士的封爵，內閣大臣宣讀封爵的聖旨（魏瑪版，册十五，卷一，頁三四二）。後來歌德沒有工夫引伸這段題旨，草稿裏僅以些隱語提一提（一一〇三五句以後）。

第九章 第五幕

一 結構

前邊曾經講過了人們關於浮士德結局的猜度（參看卷下第二章第五節），大概可以說，裴萊蒙與鮑濟思的插筆和浮士德的神化是構結上最晚的一部分。至於「半夜」，「宮中的廣大庭前」與「埋葬」三段間幕，應該在早年就已經是部分地孕育着與修正着。再者，還有早年就起了稿而後來被抹去的兩景：一是「混亂中的結語」，它應該與「天上序曲」同時寫成；一是「永別」，它應該是回答第一部浮士德裏的「獻詞」。歌德創造他的第五幕，始於一八二五年，照愛克爾曼的證明，那就是說他決定要完成他的全部「浮士德」的時候。在他的印象裏，總以爲第五幕差不多已竟完結，這話在一八二七年五月二十五日曾告訴過吉爾特一次，一八二九年七月十九日又再告訴一次，且一八三〇年正月二十四日對愛克爾曼也是這樣說。事實上，僅在一八三一年的開始，當歌德完結了前三幕的時候，纔正式來完結他的詩篇。在這時候，他總是感覺他的結局沒有什麼可以增加的，因爲他寫給吉爾特說：「第五幕末尾的末尾也已經寫到紙上了」。這話是不準確的，因爲「裴萊蒙與鮑濟斯」的插筆或許還有最末一景都仍是缺着。第五幕是在一八三一年與一八三二年的開始纔正式來修正、改編，與第四幕是同時完成的。

二 最後的罪孽

第五幕開端的「裴萊蒙與鮑濟斯」的插筆，不成問題是最後纔有的。歌德最初的意思，想在這一幕的開始安插浮士德與固執者一景，那裏表現着浮士德懇求梅菲斯特所獻給他的三位壯士，來幫他完成殖民的事業。這個計劃現在還保留在一段「棄稿」一九七號裏。內中有幾句浮士德與固執者的對話。後來歌德拋棄了這種草案，他以爲浮士德的這種大的工作，沒有提的必要，而祇在大的計劃已經實現後告訴我們一位新的國王。再者，裴萊蒙與鮑濟斯這兩位人物，很久就在他的想像裏活動着，他們在Was Wir bringen（一八〇二）的序曲，繼而又在一八〇九的Affinités électives（第二卷第一章）裏已經顯現過。但以他們的名字用作一對老夫妻的，似乎是後來的事。它大概不能遲於一八三一年四月初以前，因我們在那時候的歌德日記裏，找到一句簡短而相當曖昧的註解：顧慮到其他的秘密。裴萊蒙與鮑濟斯滿口答應（四月九日）。總之，在四月裏詩人很速地完成了這一幕的開端，雖說他的意向或許早已就有。然此種意向在他的意識裏直到那個時候爲止總是模糊的。六月初，這段插筆完結，歌德可以將手稿交給愛克爾曼。現在來分析這一景的劇情是怎樣演進的。

第五幕開始的時候，依照歌德對愛克爾曼的示意（一八三一年六月六日），浮士德已經一百歲。從他接受海濱的封地，已經過了很久的期間。他現在達到了他的智力與能力的頂點，他的偉大的計劃實現了。由梅菲斯特的協助，他以堅固的堤擋住了海水，而得到一片很大的土地。以往是不毛的海濱，現在由於寬大的運河使內地與海洋連接，變成了一個天堂的樂園。浮士德成了一個土地肥沃，人民衆多，商業發達，國運興旺的國王。

這種昌盛能以鞏固，能以持久麼？天知道！誰敢保證浮士德的努力不又是一次的幻想。有一天，海洋重來湮沒人們所創造的易壞物呢？梅菲斯特講了這樣的話，他的話或許是對的（一一五四四詩句以後）。總之，在這位傲慢的巨人，他想改換宇宙，而且想代替上帝的職權之前，歌德召來一對老夫妻，恰恰與浮士德作一對照。他以裴萊蒙與鮑濟斯的名字來象徵，這兩個名字由著名詩人奧維德（註一〇八）的書中借來。（「變態論」卷八，六二〇句以後）。但他們既不與古代的老夫妻也不與傳說上的相同，事情是在現代與基督教的國土裏展開的。歌德知道得很清楚，他之所以藉這對夫妻的，爲擴大他們的性格：「這些人物是類似的，他說，而且環境也類似；但由這類似的情形下，正可產生殊異的印象」（六月六日對愛克爾曼講）。在這對老夫妻的恩愛結合中，再加海濱山巔上之茅屋與教堂，他肉體化了一種虔誠的精神，一種對傳統法令與舊俗的愛好，一種對命運的信任與忍耐。這恰恰與浮士德式的意志主義和他的瀆神行爲相反。因而在這對老夫妻與國王之間，起了衝突。永不滿意的浮士德，爲完成其莊麗的宮殿計，不得不合併裴萊蒙與鮑濟斯的粗俗住宅，但他們的固執使彼此之間起了衝突。雖說他想給他們一塊由水裏得來的陸地作爲補償，但他們不願離開他們親愛的住所。裴萊蒙比較是客觀的與公正的，他對國王浮士德所要完成的偉大事業，還想使其滿足。但鮑濟斯，由於女性的偏見與固執，一點也不讓步。她懷疑浮士德用魔術來工作，她忿恨以人類作犧牲來完成自己的目的，她猜度巨人的企業中有反宗敎與瀆神的行爲，她宣稱這種事業是靠不住的，她輕侮這種由海裏奪來的陸地，她決絕地不願離開國王所要侵佔的高地。這種頑固激怒了浮士德。當他聽到茅屋的鐘聲，或當他聞到菩提樹的氣息好像是敎堂與墓穴的空氣時，就壓制不住他的反基督敎與巨人主義的情緒。他的權力一伸開，就變成自私主義者。現在顯出了他之所以實現他的夢想與權力，是爲自私，不是爲別人，也不是爲人類。爲達到他的目的計，不惜利用魔術，以及魔鬼的協助，以龐大的人工壓制海水。爲使國家富足計，不惜出以商業和海盜的手段。最後，這種自私的權力，因與障礙物衝突而發生殘暴的舉動，忍受不了阻礙的存在。國王不遲疑地寧願摧殘正義來滿足他的偏愛。歷史上的巨人，永遠是由於他們的意志而留下這一類的事件。——福賴得理克第二與無憂鄉粉匠的故事（註一〇九），以及亞加伯想得葡萄園而致那波特於死地（註一一〇）。在這頑固的二老之前，浮士德感到爲了「正義的疲倦」。梅菲斯特聆受了浮士德所訴的苦痛後，因而惱怒說：「爲什麼還要顧慮？難道不是早已知道怎樣殖民麼？」浮士德對他的惡魔講，以更好的土地來交換這對老夫婦的住宅，他並沒有讓用暴力；可是他也沒有禁止他的使者施用強制的手段。他僅止對梅菲斯特講讓二位老者「離開他的道路」，並讓他們搬到他所選給他們的美地。

接着的「深夜」一景，是描寫由這些前提所不能不產生的災害。

這一景以守塔人林克烏斯在城樓的歌唱作開始。這是一首莊麗的宇宙與歡喜的生活的讚美詩，其所以動人因爲這是浮士德能再看世界的最後一夜——其所以動人，也是因爲在「爲視而生，任視的使命」的林克烏斯之背後，我們瞥到歌德的自己，他可以自傲說「眼睛是一種視官，由牠而我包羅了宇宙」。在他死的前一年，在他永眠的前夜，這位以視爲職業的人，最後一次來歌唱生存的價值與萬物的美麗。——但這首感恩歌馬上被極端的苦痛緘默了。愛轉爲悲。林克烏斯看見燬滅了裴萊蒙與鮑濟斯的住宅，這種「幾世紀來悅目的東西」在幾分鐘內燬滅了。須臾，梅菲斯特與他的三位同伴，來向浮士德報告因實行他的職務而產生的災害：兩位老人因驚慌而歸天，他們的一位客人，因想抵抗而也命喪黃泉。至於火是不是故意放的，我們不很知道，但這個平安的茅屋被燒完了。即令浮士德責罵梅菲斯特及其侍從，也是遲了。當然，他不願意如是做，很應當罵他們。但他深心感到，他們所做的，就是他的暴虐的意志與惡念之實施，他不能將罪過的責任完全推在他們身上。

三　淨　化

浮士德一個人在沒有星光的黑夜裏。這是第二次他處到不是由於他的心願，然他得負責的禍事之前。從前，由於他的邪心，格萊卿及其母親、哥哥、兒子死於非命，因爲時光的消磨與本性的恢復，他才能復活。現在由於一點私心，與不謹愼他藉魔術的輔助，三條性命，三條無辜的性命又被毀滅。由風吹到的煙火氣裏，帶着四個陰影，四個灰色的女子，卽貧窮、債務、罪惡與憂慮。她們溜入浮士德的宮庭。四位中的三位，自動地離遠了，因爲她們不能進入一位富者的住宅。唯有最後的一位，憂慮，從鎖孔裏鑽進。在她後面兇惡地緊跟着的是她的妹妹，死神。神聖的戰鬪的鐘聲爲浮士德而響。

在怎樣的情況之下他接近了死神？

由剛纔可怕的經驗的照耀，與在神秘影子的包圍之下，他覺到所處的環境的不安，於是浮士德決定了重大的意志：就是要與魔術分離。以往因爲疲於大學的空虛學科與純理知識，熱烈地走向魔術，當他與魔鬼訂約後，他想在梅菲斯特身上找到一位忠心的僕役，一種合適的工具，藉此以超自然的方法來達到他的志願。但他漸漸發現梅菲斯特並不是他理想的差役。他看到他的意志總是被梅菲斯特做錯或變質。他瞭解了這位助手所做出的結果，都是自私的而與他的原意相反。最後，浮士德發怒了。不願再看見他。被他所認爲卑賤與藐視的代理人，不斷地破壞與不斷地引向惡的方面。最後的罪孽，在他身上引出了光明。他要斬斷與梅非斯特連繫的最後關係。他不願再以魔術來實施他的意志。現在他認爲人應當是自立，他夢想一種能以自行滿足的意志，爲實現這種意志，不需要別人的幫忙。他並不悔恨他的以往，他曾經是過巨人，且也曾經利用過魔術。他並不反悔自己曾利用過魔術，他沒什麼可以反悔的。他並不希望毀滅以往，或再回到天眞的境界。這位巨人，在以超人的工具作媒介來實施他的意志後，他知道了最適當的辦法還是以理智來完成意志，從應用魔術出發，他得到意志要自立的觀念。他在自然之前，僅僅願當一個人。他要與梅非斯特完全脫離。在這惡魔勢力包圍之下，他禁止自己講一句魔術的話。

浮士德現在正面迎到了憂慮。以歌德看，這個使人不安的影子是什麼意義呢？

憂慮、曾被古代詩人屢次地人格化——何樂士（註一一一）在兩首著名的短歌裡；維爾吉（註一一二）在「愛納德」（Enéide）卷六頁二六四以後；依金（註一一三）在他的「寓言」第二百二十首裡，這段的翻譯，歌德可以在海德里黑（Hederich）的字典和海德爾的 Zerstreute Blätter 一段詩中裡找到。讓歌德看來，憂慮女神是時時刻刻參混在人類事業中的一種惡魔，一種夜間的與險惡的精靈，它能使被害者們恐怖、疑惑、與昏昧，它以畏懼、憂慮、痛悔、而能使人們瘋癲。它能破壞他們的生活力，剛毅力，讓他們隸屬於它。它是死神的先驅。就是這個憂慮，把愛格蒙特困倦在它的監牢裡，並使他嘗受了死亡前的各種恐怖。浮士德自已，當他在書齋無法解脫的時候，就嘗受了它的威力（六二一四詩句以後），在復活節之夜，他爲脫離它而想吃毒藥。但從此之後，他逃脫了它的可怕的國土，不斷地在現實的時間內生存。他「曾經願望，而將願望實現，然後又重新期望」。他曾經過「初時是偉大而雄健，現在却是精細而能明辨的生活」，所以對於另一世界與永遠的境界不再思念。這裏要產生一個嚴重的問題：在這種黑暗的夜裏，他被悲劇的責任所擾，他覺得死之將臨，他是屈服於能使他瘋癱的憂慮呢？或是停止他的奮發精神呢、或變成這個可怕的幽靈的奴隸呢？如果是的話，那他是不是要輸了賭？是不是要消滅他對無限熱情的本性呢？

我們知道浮士德的反應。壓制住內心的擾亂，他向惡魔所伸張的爪牙挑戰。憂慮女神，失敗了，轉過臉吹一口毒氣使他的眼瞎了。然而浮士德在這種磨折下，反而棄邪歸正，他覺得黑暗逐漸加深，但「他的靈魂裏，却照耀着輝煌的光」，加重了熱情，他要完成他的企圖。——這樣的結局是什麼意思？

一位過於推敲的批評家杜爾克（Hermann Türch）對於「憂慮」這一景，作了頗爲動聽聞的解釋。大概是這樣講：浮士德是一位超人的悲劇；他的超人的天才，在劇作裏以魔術作象徵。浮士德的終身都是天才橫溢，直到被年齡征服的時候，他才與魔術脫離。憂慮使他的眼睛瞎後，他變成了一位單純的俗物，被梅菲斯特玩弄，被粗俗的幻覺欺哄，而還以爲完成了自己的工作，愚笨地輸了賭東，而還自以爲滿足。然他之所以完成他的人格，因爲他始終在抵抗梅菲斯特的緣故。——這種假設，我以爲徹底誤解了結局的意義。人們常講浮士德一劇是表現一位巨人的教育，但那意思並不是說——關於此點，杜爾克很有道理——浮士德要改正他的巨人主義的思想，而變成像別人一樣的人。不，浮士德一直是例外的人物，一位天才者。但他是偉大的，他之所以超人，一點不是因爲他是魔術家，因爲他與魔鬼訂約，用超自然的方法讓魔鬼來給他服務。魔術對他反是一種障礙物與危險物，他自動的與自然的與魔術脫離，解脫了梅非斯特的服役，而僅願意是人類中的一個人。這樣看來，歌德的意思，我以爲一點也不曖昧。

另外一些註釋者，例如菲賽（Kuno Fischer），把憂慮女神的舉動與浮士德的瞽目，僅僅認爲是自然現象之象徵的與戲劇的表現：用體質的衰老來消滅這位百歲老人。先毀壞他的視覺，繼而消滅他的生命。此種解釋，大大減弱了這一景的力量。憂慮、並不祇打擊浮士德的肉體，她所要消滅的是穿過肉體的靈魂。她之所以奪去他的視覺，因這視覺是一位國王與組織者之必不可缺少的官能。它想妨礙他的活動，瘋癱他的心願，使他的心靈自動地趨於黑暗。

現在整個地分析一下「憂慮」一景的意義。浮士德對憂慮女神作最後一次的奮鬪，因爲命令的疎忽而置裴萊蒙與鮑濟斯於死亡，他墮入嚴重的錯誤裏。他感到良心的壓迫與恨疚的重壓。他與憂慮女神的對話，是他內心衝突的反影。他試一試他的生命力，是否可以衝破艱難，是否可以不受憂慮的主宰。浮士德帶回了超越的勝利，這勝利當然是悲劇的。他不被深刻的悔恨，生理的痛苦，臨死的悲哀所屈服。憂慮女神對他的肉體有處置權，它消滅了他的視覺。盲目的浮士德失去了能以攫得宇宙的官能，他罹受了生理的衰微，由這種衰微，他被悲慘的幻覺所玩弄，以致應當順從他的梅非斯特也不順從了。即令生活的種種痛苦結束了百歲老人，即令他的兩眼關閉，即令他的肉體歸返地下，但一點也不能阻止他的熱情，破壞他的心願走向無限。浮士德仍然以一切的精力，一切青年的火力，繼續希望他的靈魂，他的不朽的本性，徹底地抵禦一切邪惡、痛苦、及反悔的精靈來襲擊，浮士德是在充沛的生命力中死亡的。

這樣，他對生活的態度整個改變了。這位叛逆的巨人，以前曾咒駡過生活，因爲他相信能重建一種理想的世界，這個世界界於有限的地球與他的理想主義之間。劇烈的失望，使他幾乎要自殺，幾乎整個否認地上生活的價值。在這種極端的煩悶中，他與魔鬼訂約，爲的是能藉用魔術的力量，使他超越了有限的偶然的生活。但經驗告訴他，魔術儘管能給他一種較豐富的生活，但不能解決他生命的問題，且加重了人類命運的快樂與痛苦的交錯。最後，他看到他所望於魔術的僅是幻覺而已。他現在僅願當一個人，而且情願地進入憂慮之國。這樣他是不是要陷入厭世主義裏，而以濃厚的情緒對生活加以「否認」呢？這正是他之轉變的樞紐。他的靈魂，由於生活的經驗，漸漸地擴大。現在變成了主宰的浮士德，知道了人們不能判斷生活，生活的本身既非善，也非惡，它就是它，不變的與必需的。人們有決定生活的自由權，不論怎樣的生活，他都可以回答肯定的字。這樣，他得接受一切生活的境況，並得戰勝物質的影響（精神與物質是不能分離的）。如果能戰勝這種壓力，纔可稱之爲自愛。生活儘管是有限與有盡，然是值得過活的，雖說它永遠不能給人完全的滿足，雖說它總讓我們希望另一世界，雖說它是幸福與苦痛之永遠交替的東西。總之，浮士德涵養到勇敢與知恩的地步，而眞實地接受歌德的名言所宣稱的：

任何生活都是良善的。

四 浮士德之死

接着「憂慮」一景的是「宮中的廣大庭前」。這兩景的故事都是屬於古代傳說的。人們常常責難浮士德之死這一幅雄偉的繪畫，太接近了老年，同時也太接近了他所熱烈地完成的殖民事業，並且也與「聖經」裏摩西死後不能進允許地的故事太類似。瞎眼，已帶了死的痕跡，然浮士德仍然保有充分的生命力。被拒絕的梅菲斯特——實際上梅菲斯特也不過僅僅是他的工程之監督者——現在也不服從他的命令，並監督死靈們爲他造墓穴。浮士德聽到這種鍬鋤的聲響，想像着以爲是一羣工人忙着完成他偉大的企業。一隻腿已經跳入墳墓，而他在意念中仍興奮地以爲自己獲得了勝利。他的意志還在濾清。他剷除了一向使他興奮的自私主義，他的行動並不是爲自己，並不是爲權力的享受，也不把人類視爲完成他的計劃的工具。統治權的渴望，在他身上消逝了。他不再將人民當奴隸一樣驅使，他現在夢想一種自由人類之自由的合作，不再願意在日常的奮鬪中，選出一種危險的與結實的生活來與環境對抗。他對光榮也冷淡了。他祇希望自己在地上生存的痕跡，世世相傳。總之，他不再爲自己而生，是爲他的工作，最好說是爲一種自由集合的團體之公共的工作而生。他認爲這樣就是生活的法則，就是人類智慧的偉大結論。由於這種直覺的快感，他自然地流露出與魔鬼訂約後自己一向嚴禁的話：他對刹那說：「你眞美好，請停止」。死神馬上跟着他。爲什麼？因他宣佈了嚴禁的話麼？或是因爲天機一露，而梅菲斯特就有權柄來處死浮士德麼？這不是不可能；但也可以說他是自然地死。因爲時光不留人。當他臨到墳墓看見允許地不是他所能入，也不是人類所能入的時候，當他感到沒有爲人類設的天堂，沒有永遠與不變的幸福的時候，他達到了理智的最高顚，他發現幸福是在人羣不斷的與共同努力中，這種努力是爲遠離死神的威脅而走向永遠不滅的幸福。

五　浮士德的救援

最後兩景「埋葬」與「山間的谷地」是描寫惡魔與天使互爭浮士德的靈魂，天上的強者從地下的強者手裏奪回了浮士德不朽的靈魂，因而被赦的罪人得升到天上。

是在全部工作快結束的時光，歌德對他的結尾才有最後的觀念。「埋葬」一景以它強烈的自然主義與幽默的繪畫色彩，應該屬於早年的草稿，而在最近才加以修改。至於「山間的谷地」一景，或許是最後完成的。我們在第二章第五節裏曾假設過歌德對結尾的原意思，好像是很晚的時期，他才有意爲浮士德的靈魂問題，增加一段在天上且在上帝面前的戰爭。這種意向可以有許多證據作證明，尤其有一段棄稿裏講，當浮士德臥在天堂的床上等着他的靈魂離開屍體而另尋肉體時，梅菲斯特正準備赴審判廳而聽從上帝的判決，並急忙對上帝伸訴他贏了東道。不久——或許是一八三一年——他又重新改變了他的計劃。新近的草稿是寫梅菲斯特強奪浮士德的靈魂而被天使們阻止，於是傳案到天上，在那裏審判浮士德的事件。但在天上出現的不是上帝，而是上帝的代理者基督。由聖母，傳教徒與聖徒們組成了一個天上的審判廳。基督與悲慘的聖母對惡魔的訴詞較神父們更感漠然，儘管惡魔振振有辭地講他勝了賭道，也終歸無效，他像「威尼斯商人」裏的薛勞克一樣地失敗（註一一四），而這一景以 Gloria in excelsis 作結。

現在的結尾是象徵的，有一種歌劇尾末的韻調。給畫景與音樂的原素佔了一大部分。它與上邊的各部分完全不同。這種結尾與斐萊蒙、鮑濟斯的插筆和死靈們兩景一樣，其題旨都是由 Cumes（註一一五）地方一個墳墓的浮彫借來的。歌德之所以假借古代的名稱與表現法的爲使他的意念賦一種可感覺的形式，用這類象徵的題旨與人物作結尾，也正適合中世紀基督教的傳統。作者深深感到他所企圖的工作的困難，在一八三一年六月六日給愛克爾曼寫；「你將要承認結尾時得救的靈魂升天一段是怎樣的難以組合；在這些超出感覺以上，而僅能推想的題旨裏，我是很容易墮入空泛，如果不借用基督教的人物與表現法，我絕不能在我的詩旨裏有決定的與清楚的形象」。

基督教的傳說最先供給他一些藝術的作品，上邊我們已經指出最後幾景的主要來源之一是比薩（Pise）教堂的那些著名壁畫。這些壁畫是十五世紀後半期焦陀（註一一六）的弟子們所繪，而歌德由他同時代的藝術鑑賞者所介紹而知道了這些畫，尤其是 Orcagna 的（註一一七）。他在意大利旅行時，並沒有親自看到這些壁畫，看到的是些複製品，尤其在 Lasinio（1822）的作品中所複製的。

在比薩教堂那些南牆上的壁畫，如「死神的勝利」，「最後的審判」與「地獄」，供給他一些「埋葬」的題旨。「死神的勝利」裏我們看到魔鬼與天使們爭奪由死人嘴裏吐出的靈魂，把他們携到空中。這裏展開一幅天使們與大大小小，短角長角的魔鬼們的熱烈戰爭，他們彼此互相爭奪這些靈魂，天使們帶着他們的保護者向右升，而惡魔們携着他們的擄掠物急促地往發煙的地縫裏鑽。——「最後的審判」表現着基督與聖母在中間，被傳教徒與聖徒們圍繞着，下邊是天使們從墳墓裏帶出的死人，兩旁是正在祈禱的太子與信徒們，前邊是一羣婦女。「地獄」，巨大的撒旦傲慢的據於中間，像丹丁的地獄一樣分爲許多部分，因犯罪的不同而處於不同的地位，歌德借用了湖的題旨，那裏游泳着惡魔們繼續推來的罪人，並且在右上邊，野獸張着大嘴吞食這些墮下的犧牲品。

還有一幅壁畫表現着埃及太白宜特地方隱者的生活，供給歌德關於最後一景「山間的谷地」的處理法。這幅畫沒有什麼中心，堆疊着三種計劃，但沒有嚴格的劃界。我們看到一座石山的斜坡前散佈各色各樣的樹木，尼羅河溫柔地在下面流着。畫面裏引起了一種太平的景象。修道士們的住所分散在山腹，有的是洞穴，有的是小屋，教堂連着鐘塔，開着的市場或關着門的房屋。最低限度，我們可以講這地方爲幽靜而隱退之所，在溫柔的大自然中，過一種平安的簡單生活，這種生活不僅止是默想、禱告或靜修的工作，而也做些日常的瑣務，如釣魚，修補蜜蜂窩，伐木，摘果等等。這幅畫給歌德興會一定很多，因爲相類之處很多。但整個看來，歌德所描繪的比較嚴肅，不像原來那樣田園風味。他讓隱士們所住的地方是森林、曠野與洪荒的山口，並且，這些修道士們都是沈思在神秘永恆的愛裏。歌德想給我們的意象是一種漸次的淨化，逐步的向崇高升，而最高點是在 Mater Gloriora 末尾所指示的升到天上。這類題旨曾被許多畫家描寫，從 Titien 的 l'Assunta 直到Murillo（註一一八）的 Regina Coeli。歌德爲給他的象徵的結尾一種感覺的生命，除引用文藝復興時代的畫家們意象外，還借音樂的援助。佈景家與導演家對這種昇天的技術僅能作到近似的地步，尤其最後一景簡直不能實現，除非借交響隊與歌詠隊的輔助。Schumann 的浮士德或 Mahler 的第八交響曲是最能表現歌德理想的音樂。

文藝復興時代藝術家的繪畫之外，歌德又利用中古時代流行的關於惡魔們與聖徒、天使、聖母、基督等爭奪靈魂的傳說來作他的結尾。神靈們時時在準備着援救可憐的與單純的人類，當他們與惡魔戰鬪而求助的時候。神靈的戰勝撤旦通常只由他們的顯現，但也有肉體對肉體的戰爭，這是當兩方面勢均力敵的時候。往往也有取訴訟的形式，而神靈們反而失敗。一個最流行的傳說就是關於靈魂善惡的爭論，當這靈魂要離開臨死人的時候，魔鬼們捧一本大册簿，那裏記載着死者的罪惡，而天使們拿出一本小書講述死者的善行，讓人們在天秤上稱二者的重量。罪人往往也可得救，等天使空手來時，他只要將悔罪的眼淚灑到罪行錄上，那罪惡就行消滅。當爭執不能決定時，聖母的來臨常使勝利屬於天使。——在中古時代特別著名的，是聖母與魔鬼在基督面前爭辯的題旨。這個題旨曾被 Bartolo da Sassoferrato（十四世紀人）描繪過。魔鬼向人類挑戰，馬麗亞代爲辯護，基督是審判官，傳教徒聖約翰是天上法廳的書記。這件訟案有各種的說法，直到一三一一年四月六日才有法定的判決文，榮耀屬了人類。魔鬼好像是一位高明的律師，嚴厲地保護他的權利，並對契約非常的熟習。他很憐惜聖母、天使或聖徒們加給他的不公平與專制的行爲，使罪人由地獄升入天堂，甚而不經淨地的階段。

我們很容易看出歌德是根據古代傳說的。他對在基督與聖母前的審判沒有詳細的描寫，然對天使與魔鬼爲靈魂之走出肉體的爭執描寫得頗爲詳細。他以一種幽默的現實主義手法寫得十分優美。我們看到梅菲斯特以奇異姿態請些直角的曲角的魔鬼以及一些細長敏捷的與短胖粗笨的魔鬼們作陪。他們帶來了他們一切的習慣，張着可怕的大嘴，露出極惡地帶的一切恐怖與褐色的火光。梅非斯特派他的屬類看守着肉體的所有出口。於是靈魂在它的狹隘的住所也感覺不安，而被戰鬪的精靈們強迫出來，它想解脫自由，它好像是一種燐光或像是一個蝴蝶。梅菲斯特急想捉到它，在它身上蓋印鑑，這種印鑑如天啟錄裏（註一一九）講的，是獸類的標誌，而爲地獄的入境證。到這時詩人讓天使出現，於是戰鬪開始。一方面是天使們灑下的玫瑰雨，令魔鬼們感覺疼痛；另一方面是魔鬼們所吹的有傳染性的風來消滅玫瑰。之後，劇情轉變，一般好色的魔鬼因見了天使而引起愛慾，忘記了自己的守望職務，結果變爲被嘲笑的對象，看着浮士德的靈魂被神靈們引領而解脫了地上的連繫。梅菲斯特呆在那裏，拋去了他的「獲得的權利」，被一羣玩童嘲弄。他的不幸是決定了。——在結局裏，歌德重新又用通俗的傳統觀念表現梅菲斯特，與天上的神靈們比較，顯出他貪小利，形式主義。總而言之，這是一位可笑的無權力者，人們漸漸對他失了信仰，最後的結果是悲慘地陷入他的空虛裏。在第五幕開始的象徵的偉大場面與末一景升天的雄偉場面間，「埋葬」一景顯出一種幽默的與繪畫的插曲，引出殊異的與鬆懈的效果。

最後我們再簡單的談一談因丹丁的神曲給浮士德結尾的影響而引起的問題。

歌德很早就認識丹丁，但他深切知道因氣質與環境的殊異，使他與福羅倫斯的詩人分離。在 Annal es de 1821 裏，他寫他曾分散了他的敬意，一方面對丹丁的偉大而致崇敬，他方面又因丹丁某些粗劣的才能而十分厭惡，甚而他不願意再讀「神曲」，因爲他難以驅逐那些他神經裏由偉大的驚人的想像而引起「幻想的怪物」們。然而由於友人日爾特的勸告，他決定讀了 Streckfuss印行的德文譯本（一八二四至一八二六），並作了一篇書評。但在這書評裏，仍然對這部「激起不愜意的意象」的作品有些不滿意的話。——在這兩位十分殊異的天才者之間，能產生一種重要的影響麼？批評家們各有各的意見。有的如 Pochhammer 或 Farinelli，他們特別注意到「埋葬」或「山間的谷地」裏借「神曲」的地方而能證明的（地獄漏斗形的描寫，烟火城，撒玫瑰的天使們等等），有的如 Erich Schmidt，他是尋找歌德讀過 Streckfuss 譯本後而在「浮士德」裏所遺留的痕跡。另外如 Vossler或 Treadelenburg，他們專來區別兩位詩人彼此的基本不同之點，幾乎分析到他們作品的每行字句。

現在我們只討論一件事，卽兩部詩中主人翁的得救，都由於他少年時的愛人的說情。Vossler寫：「格萊卿與貝特斯里握了手。她們兩位都是如此，是愛情的本身，是純潔的女性吸了我們，是她讓我們升到天上與永遠。但只有這一點的象徵意義，這兩位女子才握了手。此外，她們走的道路完全不同」。貝特里斯行爲之影響於丹丁的較格萊卿之於浮士德的要顯著得多。是貝特里斯從地獄的開始，下到 Limbes 請維爾吉爾援救她的迷途的朋友，並領導他經過罪惡的可怕的地帶。是她，當維爾吉爾的任務在淨土之頂完結的時候，來完成她的詩人的永福，因她的關照才能在天上昌行無阻。之後，走到 Empyrée 時，出乎動作與時間之外，那裏是在神聖的光輝照耀之下由最幸福者們居住着，她把丹丁交給一位新的響導聖貝納爾 (St. Bernard)，而她反回到天的上玫瑰圈裏。她的榮耀寶座，處於最接近上帝的靈魂們之中。詩人在那裏看到她，向她作一種熱烈的祈禱，爲感謝她對他一切好處，求她不要捨棄他當他需離開地球的時候。於是貝特里斯最後一次轉向他，在神秘玫瑰的光耀中，給他一笑以作他的祈禱的報答，繼而，她又沈思到生命的永遠源泉。繼在聖貝納爾的指引之下，丹丁達到了最後的天啟。由於熱情的祈禱，Clairvaux 神父懇求馬麗亞的援助，才得直接見到上帝的面。馬麗亞轉向上帝爲她兒子求情。丹丁在這時候覺得獲到一種新的力量：他能以凝視日光，他看到三位一體的實現，在那裏分辯出基督的神聖與人類的雙重性。一種光亮突然照耀了他的智慧，而使他完全瞭解這些秘密的神靈們。

歌德的意念與此完全不同。在丹丁的作品裏，詩人與他的愛人始終被隔離着，一位是活人、罪人，還被情感所苦痛；一位是幸福者、純潔的處女、無斑點的百荷花。如果有人向她熱烈地崇拜，她可以替他求請，領他到天上，她可以告訴他聖靈的奧妙，但他屬於另一個世界。最後，她沈思於神聖的淨化裏，而詩人先由聖貝納爾，繼由聖母的說情，才能得見上帝。——可是格萊卿與浮士德是怎樣地接近呀！她不僅是理想的而且是實際的情婦，她在世上時與她的朋友有不可分離的親暱，她是經過常久的罪過後乞恩得到了宥赦。她是一種得救的靈魂，不過較另一個剛離開肉體的靈魂先得救一步。她由於自我的超越性，以眞摯的愛情，活着時讓她的朋友曉得什麼是宇宙的永遠法則。「神曲」裏美好的意旨到了現代的悲劇，完全變了模樣。

六　賭的勝負

研究了歌德在結尾裏所發展的題旨後，如果我們想討論一下詩的內情，那第一個問題就是要知道梅非斯特到底是贏了呢或是輸了賭東，關於浮士德的靈魂問題。

如果我們從上帝與梅非斯特，浮士德與梅非斯特所定的契約來看，那問題的回答是很明顯的。絕不能承認梅非斯特對浮士德的靈魂有什麼特權。魔鬼從來沒有「轉變過浮士德原有的意志」，也沒有「領他到它的黑暗路上」。它從來也沒有「供給過浮士德所願意供給的」，它對他「享樂的誘惑」與讓他「樂意吞食灰塵」，而致他於肉慾與自私的主宰之下，打破他對無限的熱情等計劃，均歸失敗。詩的結尾，經過了那許多的罪惡與錯誤，浮士德獲得了光明。他的良善的本性勝利了。他濾純了自己而捨棄魔術。他瞭解了天才者的最好任務是領導人類集體的力量從事實際的與有用的目標。當他清楚地意識了這種理想時，他感覺到一種深厚的歡樂，也可說他在地上找到了天堂。但是這樣的快樂，並不是梅菲斯特供給他的。是他自己獲得的，而與他的魔鬼伴當無關。梅菲斯特很可想着他贏了賭。他以爲當浮士德衰老盲目的時候，曾感覺到權力的自私的滿足，他就可爲所欲爲。其實，在他一方面，完全是幻覺。他沒有一點功勞，對於浮士德所找到的快樂，而浮士德對他所供給的滿足常常感到深刻的空虛，最後，對這些滿足反十分的卑視而捨棄了魔術。梅菲斯特從此而後，對他也不過是一位「監工」，一位不重要的侍從。浮士德完全脫離了魔鬼的宰制。

僅從梅菲斯特與上帝，或梅菲斯特與浮士德所定的契約，看不出一點曖昧之處。當浮士德與魔鬼訂約的時候，事實上他的靈魂是處在錯亂的情況之下，他這時被對「無限」的熱情所趨使，他知道這種熱情不是任何普通生活之有限的滿足可以壓制，他絕對卑視粗俗的歡樂與魔鬼帶來的縱慾的享受，他發誓他的本性使他永不能滿意，他懷疑梅菲斯特所誘惑他的假享受與地上的幻境。這位很有理由地來反對魔鬼的悲觀者的現實主義與殘暴的玩世主義。他估量他比他的伙伴超越，這估量並不過分。他說他絕不會被梅菲斯特的手腕欺騙，也時時與它之間還保留着他的自主的話也並非幻想。

同時，他是上帝的發狂者，也是一位叛徒，他咒駡人類不能避免的死亡，他侮辱生命，他對人類生活發些響亮的詛咒，他幾乎想完結他的性命。但是這種放肆的態度是反宗敎的，於是歌德無遲疑地加以譴責。但是他與魔鬼訂約，固然由於叛徒的傲慢的情緒，而也是由於理想主義者的辯證對梅非斯特淺薄的玩世主義的對抗。浮士德讓自己的超人性的衝動太過火了，他不止對梅非斯特打賭它永不能供給他滿意的享受，它永不能使他樂意地吞食灰塵，他並且宣稱他永遠是不滿意，「對他自己永不會滿意」。當他與魔鬼打賭說，他永遠不會有時講「你停止，你眞美麗」的時候，他講了實話，但同時也是自欺了。他講了實話：因爲他對地上的粗俗的引誘從來無意接受；他自欺，因爲他同時宣稱卽令自我的「善」的方面也要咒駡。他同時失敗也得勝了賭東。

在這種情形之下，倘若批評界討論到一望無際的賭的勝負問題時，無怪乎發生許多極端殊異的答案。

關於這一點，歌德自己不願意給我們一個乾脆的與明確的答案。毫無可疑，以他看來，浮士德的永福是始終不定。他給我們的印象是浮士德的「報應」是相當正確或僅足以保證他的得救。在一八三一年六月六日與愛克爾曼的談話裏，歌德標出了携帶浮士德靈魂上天的天使們所唱的主要歌詞：「從惡魔得救是精靈世界的老英雄。那些在苦痛中奮鬪與追求的人們，我們可以援救。如果，尤其天上的愛人願爲求情，那幸福的羣衆們卽來臨他的面前與誠心的歡迎」。他接着講：「這幾句歌詞裏包含了浮士德永福的鎖鑰，浮士德自己，時時向高尙純潔處努力，直至最後，於是從天上來了永久的愛來協助他。這種觀念與我們宗教思想完全諧和，依此而言，我們之得救不僅由我們自己的力量，也由於神靈的恩惠」。在一封一八二〇年十月十七十八兩日詩人回答舒巴爾特（Schubarth）關於浮士德結局的信裏，也表現着相類的意思。（原註）「如果僅從第二部梅菲斯特最後所講的幾句話裏，我認爲已是相當圓滿的時候。我以爲要領已經完結，同時梅菲斯特贏了賭，而浮士德也應當引到光明」。歌德在他一八二〇年十一月三日的覆信裏，宣稱這種關於第二部悲劇結局的假設是「十分肯綮」，他並且說：「你也很正確的領略到結局。梅菲斯特僅能贏得一半的賭東，倘若那一半的錯過仍繼續壓在浮士德身上的話，馬上可由上帝的特權而得出一種幸福的結果」。歌德當他給我們表現了他的巨人直至最後的呼吸，仍以他的毅力爲向光明而奮鬭後，在「埋葬」一景裏加上惡魔與天使爭奪「自動」的浮士德的靈魂，自然給我們一種印象不是完全由於巨人的自己的力量而得救，且也由於神靈對人們罪孽的寬宥。

原註　舒巴爾特在一八一八年曾寫一論文 Zur Beurteil-lung Goethes，在一八二〇年再版時分爲兩册。他於一八二〇年九月二十四日至二十七拜訪過歌德，談了許許多多關於道德或宗教的問題，尤其關於浮士德的後半部。這些談話對歌德產生極大的興趣，隨有舒巴爾特九月十七日與十八兩日的信與歌德十一月三日的覆信。

七　神秘的合唱

從天上發出的神秘與響亮的雄偉合唱結束了這部悲劇：

所有的經過，

都是象徵？

缺陷在這裏找到完整，

不能用言語形容的，

在這裏變爲可見的形相。

永生的女性，

領我們升上了天宮。

所有的經過都是象徵。我們是漂盪在有限的、暫時的、變換的急流中。但這種變化的永恆的急流並不是最後的眞實，而我們必須在那裏滿意與必須在那裏孤立。暫時的波濤的現象而我們在那裏沐浴與沈入，一般人在那裏能以認識與攫得的直接眞理，並不是最後的眞理，也不是除此而外再無別的眞理。人類可以而且應當有自我超升的感覺，即暫時性的旅客時時都可變爲永恆、絕對、無限。人們可以發展直觀的視覺，觀察相繼的現象，不但是現象的表面，而且是現象的內心，不但是現象的簡單物體外相，而且是現象的玄學眞實。那些能以作這種天啟的人就可以瞭解變化也不過是一種象徵。從這個角度來看個人的生命，那末，生命是無價的寶貴，同時也是毫無所謂。一切個別的現象在它的本身是暫時的，且失了一切價值。但同時它是有限的象徵。以此而論，它充滿了意義，並有永久的價值。人們應當拋棄無限中之小我的成分，來滿心承受整個的大我。但在他的意識深處，——就只從這裏他才免脫覺悟與失望——他將要知道「暫時」的本身毫無價值，而其可貴者僅在其象徵。靈魂之能否達到最崇高點，端視其能否同時將自己整個獻給人類並且將自己本身集中以爲定。

缺陷在這裏找到完善，不能用言語形容的，在這裏變爲可見的形相。一切的現實都差於理想，只有在詩人所喚起的象徵的形相裏，缺陷可變爲完美，地上的生命變成神聖。這種神靈的本身是不能以言語形容的，可以使他變爲可以看見。詩人在他的戲劇裏表現了兩位有生命限制的，不完善的、有罪的人物，並表現了他們的罪過、他們的缺點、他們的悲慘；及至結局，完成了他們淨化的奇蹟；肉慾的愛換成神聖的愛，被赦宥的女罪人格萊卿來領導男罪人浮士德，並使他瞭解愛的法律。在「神曲」的「天堂」部分裏，丹丁的意思想獲得超人的力量來表現他的主人翁可以直接去見上帝，嘗味三位一體的不可思議的奧義；但他懊惱他不能描寫他所見到的，特別着重在人類語言的不夠用，不能表現這些威嚴的直覺。歌德有佛羅倫斯詩人同樣的感覺，就是思想與文字的無力，不能表現人類走向神聖的奇蹟。他以一種象徵的直觀來陳述，這種直觀是用些意義沈重的詩句來註釋的。僅有音樂才是一種最能表現的方法來達出富於情感的內容。

永生的女性領導我們升上了天宮。然而這種有限中的無限，人類中的神聖的直覺，女性較男性容易聆悟，因爲她較男性要本能，要接近自然。她在她身上具體化與現實化了有限與無限的一致性，至於男性則可看到的是有限與無限之永久的不調協。她是本性的、易感的、愛情的、直覺的、智慧的，而主宰男性的則爲理智、知識、明晰的意識、義務。她給男性打開了美麗與愛情的世界。反之，男性所看到的爲人生難於解決的問題，生存上可怕的不調協的事實，在他身上有一種爲逃出不調協，爲解救失望而努力的苦痛，他是罪大惡極，苦痛萬狀的對象。也因爲這種原因，他比較女性要深刻，豐富，複雜，所以他難於調協。如果想調協，那得出以悲慘鬪爭的代價。反之，女性具體化了愛與美的神秘，實現了調協的壯麗，就是因爲她比較單純，所以他處於比較無意識的境界。正因爲男性之較爲不調協與較爲苦痛，常常爲矛盾生活所煩擾，所以他樂於向她致敬，她成了先導者領他走向調和，她成了撫慰者預允他的勝利，她成了調停人使他與上帝和好。

第十章　浮士德與歌德

一　浮士德全部概述

歌德是由浮士德傳說作起點來創造他的悲劇，這個傳說時而以通俗故事，時而以傀儡戲的形式流行民間。總此傳說的要點，是表現一位信仰上帝的人走向魔鬼的悲劇，他厭煩了科學與神學的研究，而專心於魔術，召喚惡魔與之訂約，結果，一步一步地墮落到地獄。但並沒有把這位罪人描寫到十分邪惡與可卑棄的地步。傳說還承認他智慧上的特種稟賦。把他表現成一位永不滿足的好奇與傲慢得可怕的投機家，一位各種肉慾貪婪的享受者，一位懦弱的靈魂，他並非不知道什麼是善，且深惡罪惡，見罪惡而戰慄，然意志力不強，不能使自己達到眞正的悔悟。實在講，他並不是惡人，並不是巨大的叛逆，而是同其他許多人一樣。在他身上善惡混雜，他時時令我們同情或值得憐憫。惟他缺乏堅決的信仰，他旣無毅力抵抗惡魔的引誘，也無勇氣向惡魔的威嚇挑戰。與其說由於邪惡，毋寧說由於懦弱而使他滾到墮落的深淵。在組合這位著名魔術師傳記的許多故事裏，其中四個特別吸引歌德的注意：卽㈠他與魔鬼的訂約；㈡他與中產階級少女的戀愛，且擬娶之爲妻；㈢他在皇宮裏所施行的各種魔術與冒險，㈣他與希臘美女海崙的關係，他在大學生們前把她召喚，並向梅非斯特要求將她作妾。概而言之，歌德是由這些傳說的遺產來構造他的悲劇。

不過，歌德雖用浮士德這個人物，但大大地改變了。他的悲劇裏，固然還保留這位對自己命運不滿的學者與神學家，他捨棄了上帝而專心於魔術，並與魔鬼訂約。但他背叛的根源已經不是由於傲慢，而由於他的天才。他的錯過也不能用性格懦弱作解釋，而由熱情的過度。這種性格與傳說上浮士德的頗不相同。這不僅像萊辛的浮士德是一位知識界的英雄，眞理的傳播者。他對大學裏的學問，乾燥的知識主義與中庸的理智主義絕對不能滿意；他要瞭解自然的本質，自然的眞正生命。尤其：他不僅是一位超越的「理智」，意志、感覺、情慾同智慧一樣地在他身上發展。他不是一位部分發展的人，而是一位巨人。在他身上一切的智慧，「低級的」同「高級的」一樣豐富，他的行爲總以他人格的整個來應付。總結一句，這是一種特殊活潑的力量，稟賦着奇異的生命力，被熱情的衝動推回到不可知的目標。一種有自主力的意志，一位自由的英雄，他僅服從他自己的法則，藐視人類一切的律例，以及一切限制我們「自我」發展的法令。這是一位狂飇運動的「天才者」，恰合於新時代的意識，以反對理智主義的平淡與缺陷。

這類天才的典型，讓歌德和他周圍的少年伙伴看來，並不認爲是一種絕對的「模範」，而認爲是一種「有問題」的天性。當然是偉大，但很可能同時走到善與惡的兩極端。這樣的性格命定地要墜入錯誤。此由兩條相反的道路：一方面，爲他主要原動力的對無限的熱望，可以自行消逝的，於是這位墮落的巨人，僅成爲快樂與安適的享受者；另一方面，這種熱情可以反過來變爲忿怒，而走向無限度的危險，走向不妥協的叛變，走向悲觀主義。這種悲觀不止誹謗中庸的生存，且一切人類的生存。他的失望的態度破裂了有限造物的有限的命運，他咒駡生命的本身，不承認生命的一切價值。歌德一開始就注意到這種能引浮士德性格走入迷途的錯誤，且使這種迷途離浮士德很遠。他當然不會把浮士德認成罪人，像十六世紀虔誠的人們那樣看法。但很可能開頭就認爲是熱情過度的犧牲者，並開頭就給他是一種悲劇的命運。幸而預先就有浮士德應當「得救」的感覺，所以他在犧牲與過度的兩重困難途徑中，終於達到光明。

這種浮士德應當得救的問題，在第一部定稿的兩段場面裏曾有顯示：卽「天上序曲」和「與梅非斯特訂約」兩景。

序曲裏有上帝與梅非斯特爭辨，浮士德到底應該屬於誰？魔鬼以爲由於過度熱情，浮士德一定被上帝遺棄。他盡量使其願意墮落，領其享受粗俗的快樂，以至「樂意地吃食灰塵」。上帝反以爲卽令浮士德對無限熱望，然終是他的侍者。這種願望開始或許將他領到錯誤，但終必又領到光明。——至於浮士德與梅非斯特的條約，不甚容易解釋。按傳說：梅非斯特承認他「服事」浮士德，那就是說照浮士德的意志，梅非斯特以魔法完成之。但魔法是有限的，因梅非斯特既不能置格萊卿於浮士德之懷，亦不能召喚或使海崙復活。可是由於魔鬼及其精靈們的幫助，浮士德總以超自然的方法完成他的計劃。求助於魔鬼在虔誠的人們看來是可疑的，以歌德看，既不算罪過，也不算反對宗教。而對浮士德嚴重的，尤其使馬格里特感動與苦痛的，是他接受魔鬼作爲他的生活伴侶，作爲他的企圖的助手與同謀者。——他既接受這種輔助，反過來他就應當隸屬於魔鬼。他常常受條約的條款所束縛，浮士德卽成爲梅非斯特的獲得物，如果這位可以和他在上帝面前所誇稱的，以粗俗的享樂滿足浮士德，和鬆懈他對無限的願望的話。然浮士德走的更要遠；由於無限精神的盲目指引，認爲人類生活的本身就是惡劣的，不值得生存。他發誓永不會有「自覺滿意」的一天，他一直保存着永不滿足的心情。

是在這種情況下，梅非斯特請浮士德穿過生活，穿過「小的」，繼而「大的」宇宙。再看在怎樣的情況下，浮士德的賭是勝或敗。

無疑地，他要失敗，如果他墮落到梅非斯特的「誘惑」，如果他吃粗俗享樂的餌，如果他鬆懈了生活的毅力。可是我們很斷然說，沒有一刻這些引誘對他顯出危險性。梅非斯特親自供給的「誘惑」都是庸俗的與無害的：奧愛爾巴哈地下酒肆的快和，魔女的肉感，榮耀的吸引，專制式統治的光榮，未曾一刻激動過浮士德的靈魂。它們好像全無效用。進一步說，它們也無劇情上的關係。毫無一刻我們會想到浮士德能墜入那裏。也不是在那裏能尋出歌德詩的情趣淵源。

浮士德整個的生存由三段主要的經驗組合而成，這些經驗非爲梅非斯特帶來的誘惑，而很可以說是一切人生的幾段典型時期：戀愛經驗（格萊卿一段）；愛美經驗（海崙的插筆）；權力經驗（浮士德與皇帝——主宰的浮士德）。這些經驗可以決定人類靈魂的價值。依人類靈魂穿過這些經驗的態度，決定它屬於上帝或魔鬼。

最簡單，或許最重要的是戀愛經驗。是由戀愛，浮士德開始了他的第一步生活，而戀愛闖出了禍害。他與格萊卿，超越的巨人與中產階級的平庸少女間燃起了戀愛之火。愛、一方面爲人類的，極端人類的簡單慾望，它使兩性爲短時間的肉慾而接近。另一方面，它是最神聖的情感，可以使人類永遠設想：兩性彼此的吸引爲不可抵抗的；兩性的結合爲天生的；宇宙的法則是男中有女，女中有男；完全消除了個人的自私主義，而男女戀人主宰着整個的創造，使個體歸併入整體裏。但浮士德的風流故事之所以成爲悲劇，是因爲不僅他喜愛與需要馬格里特，而是在他熱烈愛她之中，總感覺因他們性格的殊異，一種永遠的結合是不可能的。如果他僅是需要馬格里特，那末，馬格里特由於本能的勸告，很可把一時的戀人推開。然她確實感覺浮士德是眞的愛她，於是十分信任地將自己獻給他。這種整個的獻與，這種十足的犧牲精神，實達到愛情的頂點。可是浮士德呢？他的生命力裏仍深深潛伏着自私，以致引出重大的錯誤。他不能跟着戀愛的法則一直走到底，他不能將自己獻給一位中產階級的少女，他又不能捨棄這種沒有結果的結合，於是他的良心裏充滿了苦痛。他明知他的冒險結果，一定墜入罪惡。由一種殘酷的邏輯，戀愛將他同他的可憐的犧牲者導入罪犯與邪惡的深淵，而浮士德是徹底懼怕這種深淵的。臨到地獄的門前，格萊卿，因她懺悔的關係，較浮士德要接近上帝，她解脫了罪惡的主宰，進步到忍耐，進步到節慾，進步到情願贖罪與死亡，這樣，她證實了，她性格的主要的崇高點。——至於浮士德，他沉浸到失望與悔悟的深淵：他幾乎臨近絕對的悲觀主義，而否認一切的生存。奢望引浮士德接近失敗，但他既能脫逃恥辱的陷阱，又能避免墜入絕對不幸的地步。

繼而來到的是愛美經驗。傳說裏說是浮士德陷入梅菲斯特新的誘惑之中：他不能自禁地獻身於異敎徒的美女，因而墮入地獄。歌德想完全脫離古代的傳說，很受了一番折磨。爲想出浮士德決不會愛上一位由魔術者召喚的女魔鬼，爲說明梅菲斯特不論在召喚，或甚而在復活希臘美女的事件上均屬局外人，很費了歌德的心血。但這點意境終於達到明朗的地步。是浮士德自己走向母親國裏找到三脚鼎，因而召喚海崙的形相；也是他自己爲尋找女主人翁而穿過古典的華爾布幾斯之夜的雜亂世界，最後在貝爾塞封的寶座前獲得了她的復活。梅菲斯特在這件冒險裏毫無作爲，與他賭的輸贏也毫無關係。詩人想給我們說明，浮士德對海崙的愛，不僅是美感的，而且也是肉感的；然他從無絲毫意思認爲這種肉感對浮士德是一種錯誤或罪過，對他也不能變成一種危險。進一步講，我也不敢相信歌德曾有意認爲浮士德要受亞爾加底的幸福的拘束。以他看，美的獲得也不過是一種暫時的現象，一種好的夢境，它爲時很暫，不久就要消逝，海崙的遠離正是這段插筆之不可少的結局。由此而論，愛美經驗與戀愛經驗在浮士德的心理演變上，絕無類似之點。戀愛經驗對浮士德是一種試驗，並且把他領到失敗。愛美經驗則是一種「冒險」，因歌德極力想告訴我們浮士德之走入母親國與晉謁貝爾塞封實含有危險性；但不是一種試驗，因它從未損害過他的精神。他與海崙的結合，只有使他向光明一方面走。以福爾基亞德的裝扮，同主人一路走向古典希臘的梅菲斯特，此時幾乎毫無用處。海崙一幕，以歌德的初意，不過把他當成「插筆」，當成「古典浪漫的象徵」。即令後來歌德把它正式改成悲劇的一部分，但仍有點兒把它當爲附屬品。

相反地，權力的經驗又重新變成了試驗的性質。梅菲斯特在這裏作他誘惑者的職務。是他極力引誘浮士德到皇宮，是他用虛榮的餌來誘惑，如同魔鬼向耶蘇顯示它的土地與王國一樣，他想在浮士德的心裏激起富貴與統治的慾念。作爲浮士德的助手的魔鬼角色，現在又活躍起來。是他來安排與皇帝的晤面，是他創造紙幣以補救財庫的不足，是他引給浮士德三位大力士，是他使用三位大力士與魔法而戰勝僞皇，是他使浮士德得到了可以羡慕的采地，是他來輔助浮士德做工程師的工作或殖民地的各種事業。顯明地，梅菲斯特想把浮士德舉到權而有力的地步，如同以前幫助他得到馬格里特一樣。他想把浮士德牽到他的道上。

可是他們性格的殊異點，由此而從新顯露。一到皇宮，殊異點就證明了：浮士德想以創造者的資格，用他的天才，有效地爲皇帝醫治帝國的病症，但梅菲斯特裝作財神爺，供給些治標的辦法，結果反而有害。這種相反的性格以後常常顯露。梅菲斯特想以權力的獲得，爲滿足自私的虛榮、願望、統治慾而誘惑浮士德，結果是失敗。浮士德對這些誘惑毫無興趣。他所感覺興趣的是行爲、是創造；其他一切則毫不關心。他對梅菲斯特爲他而向皇帝討好的各種工作，不論是製造紙幣，不論是反抗僞皇而得的幻覺勝利，均不發生趣味。他所以接受這些把戲，爲這些把戲是完成他的計劃的有用方法，然他沒有一處是自動的。

在這種情況下，浮士德的行爲所造成的錯過，也就漸漸地減輕了。他能負梅菲斯特爲他服務而活動的責任麼？他能負爲財政困難而發行紙幣的責任麼？他能負敗壞帝國繼而對僞皇的勝利責任麼？他能負爲殖民地的建設而犧牲許多性命的責任麼？他能負以商業的外表而實際爲海盜行爲的責任麼？我敢說歌德絕不會完全赦免他的責任，雖說是他的助手所爲而他不甚關心；但我相信詩人也不會如此而特別加重他的責任。唯一罪過，比一切都重大的罪過，是他對非萊蒙與鮑濟斯的過激態度，這種態度是有它過度精神的淵源，當這位巨人還沒有完全解脫的時候。他想把這種大惡的錯過架在梅菲斯特及其助手的身上，但他知道這是不可能。從新，他感覺一種重大的責任壓在他的身上。

二　最後的勝利

是面對着「憂慮女神」纔使他感出她的可怕的力量，在「宣告死亡」來臨的等待期間，在「憂慮女神」之後，他完成了他無上的勝利。他知道他上當了，當他因逃脫有限造物的限制時，他藉梅非斯特與魔術的輔助。他瞭解了魔術是無用或有害的，爲完成他人類的命運勿須藉助於超自然的方法。要想很順利地統率責任，只需我們人類通常的武器，就是理智與毅力。人類較之超人有價值。所以浮士德很願意歸回到平常的人性，他辭退了許久以來對他也不過是一位監工的梅非斯特。他面對面向「憂慮女神」挑戰，因爲她很堅決地使他覺出她的力量。於是他依靠他自己，依靠他心裏尚存的個性的殘滓，獲得了他最後的勝利。他拋棄了創造者的自私主義，這種自私不僅使他愛好創造品，且給他一種藝術家的快樂去創造，他現在徹底地獻身於人羣。他曉得了個人的最高法則，是自由地以自主的力量團結在集體的活動裏。我說勝利，或許更準確地不如說「犧牲」。韋連牧梅依斯特當他專門於外科醫生職業的時候，浮士德當他專心於工程師的時候，都是眞正的犧牲，等於勝利者一樣。爲達到心境的平衡，他們得以原始的性格來對苦痛的障礙作戰。我們要知道卽令接受了這些限制，歌德的自尊心並不因此而減輕。歌德在浮士德裏，顯然地將這種結論作正面的描寫。他讓他的主人翁走到有意識的境地，確實瞭解主宰人類活動的原則。在他味嘗這種無私心的活動的意義的樂趣下，他對有限制有完結的生命與奮地說「是」。

由於這種生活的歡喜，浮士德給梅非斯特一種口實，使後者認浮士德爲自己的獲得物。他向魔鬼打賭說他不僅對通俗的享樂不會滿意，而是永遠不會滿意。這一點他錯誤了。他現在宣稱他滿意，此是從來沒有說過的，於是梅非斯特藉此就相信自己勝利了而實際是幻想。浮士德接受生活法則並非由於梅非斯特的勝利，也非由於浮士德自私的享樂，正相反，而是由於浮士德精神上的勝利，這種以往不滿意有限的人生而求助於梅菲斯特與魔術的精神。確實的，浮士德總是在迷誤上徘徊，於是給梅菲斯特一種錯覺。但他從來沒有對自己不忠實，他也沒有走錯了自己的道路，他窺見了光明，他有把握地知道怎樣犧牲自己，他瞭解人類生存的法則，這種熱烈的勇氣在他身上沸騰。依上帝的判斷他是「得救了」，因他從未懶墮，從未失掉勇氣，因他從未鬆懈了他的毅力。即令有死亡來打倒他，有時間來消滅他，他的熱力並未停止。「人們應當相信不朽」，一八二九年二月四日歌德對愛克爾曼說，「他有這種權利；不朽正合於人類的天性。——以我而論，活動力在我身上總是繼續不斷。即令到我的晚年，我的生活從未休息，我的性格使我不得不轉到別的活動，當舊的生活形式對我不生趣味的時候」。一八二七年九月二十三日他對司法大臣V.米勒有同樣的意思說：「我很承認我不知道怎樣尋找永遠的幸福，如果我不完成應該的本分與獲得難題的解決」。一八二七年三月十九日給日爾特寫信說：「我們應當前仆後繼地繼續完成我們的事業，直至死亡，直至重新溶化爲以太爲止。永遠生命的主宰並不拒絕我們的活動，像我們以前曾經做過的呀！生命的原子應該保持一種不知疲倦的活動力，永遠不要讓它有空閒」。

由於這種簡短的說明，浮士德這部詩的主要意義，已經有相當的清楚。這樣地解釋「浮士德」後，我們現在進而討論在那一種意義之下，才能認這部詩爲歌德的懺悔錄。

三　浮士德與歌德

那末，我們能否認為「浮士德」就是一種歌德的「副本」，一種詩人的代言者來表現他的情感，並作他的經驗的總結呢？回答這個問題，頗非容易。我們馬上可說浮士德與歌德之間，從未有完全的一致性，二者距離的遠近，則因時代的不同而變動。

這種距離在「原始浮士德」時代最為接近。顯然地，因少年歌德在浮士德傳說裏認出一種他自己靈魂的象徵，於是對這個題旨發生趣味。狂飇運動的本身就像一位巨人急欲要神靈化，認上帝為宇宙的暴君，反對束縛有限造物的限制。戲劇的中心主旨，格萊卿一段，就是這個時代歌德的主要經驗的象徵表現，如不忠實的愛人，如對「無限」戀戀不捨的「天才」，他很幸運地在一位樸素、純潔、接近自然的愛人懷中找到了撫慰，他熱烈地想把握住這種暫時的「幸福時期」，但他被審判了。按照着他自我的性格，不能在有限的造物身上找到永遠的滿足，因而他的好的性格受了拘束。我們不能懷疑「原始浮士德」是狂飇歌德的一種懺悔錄，甚而可以說是這個時期的主要懺悔錄。歌德是最接近浮士德，較之這時期他所創造的並將自己參雜在裏面的任何人物，如葛兹或維特，普羅美特或馬荷梅特（Mahomet），范南多（Fernando）或 Satyros裏的愛爾米特（Ermite）。

不過，即令在這個時期，「浮士德」並不是普遍的「整個」的懺悔錄。歌德沒有把他自己「完全」放到浮士德身上，他借給了浮士德一些性格，但這些性格與他自己的並不完全相等。或許他還漸漸離開浮士德，等於他漸漸離開維特一樣。他的性格是極端地複雜。我不相信浮士德的極易暴燥的性質就是歌德的特性。他在同時期還以 Satyros 裏愛爾米特的敏慧，可愛與自由性格來作自己的描繪，然這些性格與浮士德的完全相反。另一方面，歌德藉梅菲斯特（梅菲斯特亦是他的性格的一方面）的嘴，對於浮士德的過度的理智以及他的夢幻的智慧，矛盾的本性，自欺的稟賦等加以極可怕、極殘忍、卻是極正確的批評。我認爲很難地，歌德能有這樣地客觀來自行批判，將自己性格完全作爲他的人物的。不錯，少年歌德是眞正的革命的，這時候他的生活是放肆的、早熟的、混亂的。在他身上有一種尙不十分合理化的繁殖的生命力，這種生命力往往輕率地隨意浪費。以一種易於動搖的韻調，時而過度的快樂，時而突然的憂鬱，時而劇烈的厭世，好像在急促的旋渦裏過活是的。這時在他的作品裏所表現的背叛的巨人，與他的性格有不可分解的類似。他眞心地喜愛他們，他分擔了他們的背叛；但他從來沒有與他們完全一致。他的良心裏是批判他們，卽令當他們正在他的腦海裏噴射的時光。「浮士德」雖有自傳的成分，然不要講得過火，卽令在它的原始面貌裏。歌德以整個的靈魂來同情浮士德的背叛，厭世或戀愛，但他並不完全與之相混。他從開始就有一種本能的靈機，平衡的意識，使他不至到過度，使他自己性格與最類似的人物有距離。

從歌德在魏瑪至完成第一部「浮士德」的廿五年期間，這種詩意的人物與詩人的性格的距離是相當的遠。在他與司太因夫人的關係，科學的研究，意大利的旅行，古典藝術的模擬影響之下，歌德漸漸轉變到古典的調協與壯麗的理想，這種理想的許多特點，與狂飈運動時代他的觀念絕對相反。

當他少年的時候，他以溫情來愛好自然，並以熱情來崇拜「自然上帝」。到他的成年，他對自然不僅以「心」來賞識，且以「理智」來研究。談到自然科學，第一因實習的緣故，他不得不以熱情而嚴肅的態度來研究自然的本身，漸漸地天地萬物在他的眼看來，成了一種協和與燦爛的宇宙。他從自然的各方面——有機的、動物的或植物的生活，地質的或礦物的、視覺的或聽覺的、氣象的或磁質的現象——來學習，以一種直覺的努力從特殊的現象到普遍的現象，最後到本原的現象，這時直覺的科學就失了作用。物理學家的態度應運而生，它可以提高以觸覺經驗而認識的本原現象到一種最高點，那裏可以探討千頭萬緒，彼此錯綜的宇宙萬象的來源。

在同一時期與同一影響之下，對狂飈運動時代他所宣傳的自然主義與印象主義的美學，我們再加以檢討。科學研究使他的眼界擴大；「典型」的觀念在他的意識裏顯現，他努力研討以簡單的形式來解釋複雜，且使複雜成了可以解釋的現象。如此的訓練，他漸漸了解了應當同科學一樣，使特殊的現象變爲典型，藝術也應從特徵的變爲一般的，偶然的與出人意料之外的事物的描寫變爲「永遠的人性」的繪畫。馬上，這種方法領導了他終身的工作。在魏瑪時代他是魔術，在意大利時代，他清清楚楚地知道希臘藝術完全是另外一回事，與他許久以來僅能從通俗與自然主義的詩裏所認識的古代，頗不相同。他在希臘藝術裏發現了美麗、典型、永遠的人性的奧妙；他了解希臘藝術家像「自然一樣」工作，他們的作品表現着必然性，這種必然性在最微細的自然造物上也顯現着。他認識了一種美麗的形式與美麗的線條的藝術，他從典型的人類體格，它的態度與姿勢的顯明視覺上，描出了造型藝術的法則。

對於藝術的新看法領導他到了藝術家的新的觀念。當他少年時，藝術家的歌德無抵抗地服從着一種內心的束縛。以他而論，藝術的創造是佔據在他心靈裏的一種新的經驗，新的情感的反省，這種反省表現出來就是藝術品。這種進程在他身上是自然的與無意識的。天才成了絕對必須的東西，而所謂天才的活動好像夢行人的神秘的情形。他所需用的材料是生活、眞實、經驗。形式是一種神妙的東西，它因內容而改變。天才家的心靈裏，祇有一個題旨就是以「內心的形式」而組成，這種內心的形式在心靈裏異常沸騰，與題旨恰恰相合，使藝術家沒有思索與選擇的餘地，總之，藝術創造的活動在歌德是一種半神秘的現象。然因科學方法的實習，也改變了他的思想，以自然科學家而論，他看到自然裏固然仍有深厚的神秘性，但因學者們的研究範圍日益擴大，於是發現那裏有一種秩序、協和、與法則。以藝術家而論，他瞧出藝術的園地裏還有一大部分是他從來沒有思索過的，就是可以學，可以教的法則與技巧。當然，在人類或自然的深處，還有不可解決，不可理會的地方；但我們所不瞭解的地方應當盡量使其縮小，不論是關於宇宙或關於人類的靈魂。在這種情況之下，歌德變成了更科學的、更理智的，他承認藝術裏存在一種總法則，藝術品可由有意識的技巧來創造，除過藏在心靈裏的興會以外，他可以變成一位熟練的工匠，對自己的職業與方法有充分的把握。

這樣，他對宇宙與社會的看法也徹底的改變了。當他的少年時代，他是極端的個人主義者。以他看來，天才家只能順着自己的法則走，由於感覺與心靈的有力的衝動，善惡照着自己的性情而決定。對法律，對社會習慣毫不關心，反對他所不了解或他所卑視與憎恨的社會。社會集團，城市，國家對他並不存在，甚而認它們爲一些必須擊破的障礙物，一些必須抗禦或攻擊的仇敵。到他的成年，歌德的看法就另一樣了。偉大的自然讓他看成了壯麗的宇宙，學者們應該很虔誠地找出客觀的法則，社會是怎樣，人類就應當怎樣在那裏生存。對於社會的偏見——這種偏見歌德是從來就有的，不過在他少年時代，正走在狂飈運動的個人主義一點——現在仍然地增長。固然他從不蔑視天才的個人法則，但現在他特別固執到個人對團體的義務，他以學者的態度來研究社會的形式以及各種環境與條件，他探討個人應當完成他的有用的市民義務。他處處要求人們對法律，對社會秩序的尊敬，他最厭惡個人的偏好與專橫。

由此，人們可以了解浮士德的題旨在他成年時代，與歌德的個性兩者成了怎樣的無關。這部詩裡這裏那裏導入他新的經驗。在「森林與洞穴」一景裏他放入了他對自然的新觀點，並勉強地述出了他在意大利旅行的回憶；但是如我們在上卷所指出的，他遇到了種種困難爲使這一景與整個詩篇連接，然這一景仍舊有點兒是全部詩篇的贅疣。同樣，他雖說在浮士德傳說裏找到海崙的插筆，使他可以領導他的主人翁到古代社會，但這個新的題旨與整個的計劃衝突，以致一八〇〇年停止工作。他覺到以往作風與他的新生活觀念與新美學思想的不合，由於席勒的鼓勵，他終於用藝術家有意識的努力來完結第一部，在那裏導入了一種哲學思想，樹立了一種整個計劃，盡量塡補顯著的缺陷，盡量使前後劇情有連接性，使詩的語句有一致的風格，却不破壞自然的美妙與自然風味。

於是，重新有二十五年的期間，歌德的意識與浮士德隔離。在他的精神與意識轉變期間，他雖能以毅力，有意識的努力來完成第一部，但第二部的寫作進展很慢，不能以同樣的態度來完結整個作品。第二部未曾停止吸引他。當 Boisserée 或 Schuberth 眞正感出他的詩篇的趣味同他談論的時候，他很覺到一種熱力，有馬上從事繼續寫作；但這種覺醒維持不久，深覺難再找到與會來完成浮士德。有一個時候他幾乎決定捨棄這個題旨，而將「浮士德第二部」以片斷的形式印行，好像偉大結構的草稿永不會再見天日。

不覺地他的方向轉變了。他對希臘主義的極端愛好，他的不妥協的古典主義給世界主義一種地位，那裏古代藝術無疑地占着不滅的勢力，而那樣把一切民族與一切時代的產品，組成一種整個的觀點。中古時代的藝術他用新的觀點來愛好，他順着浪漫主義的演變，思考它可能引出的新文化的危險性。像這樣，他最接近一種題旨，這種題旨包括「三千年的人類進化，從特魯瓦(Troie)的征服直到密索隆岐的衰落」；他從此而適宜於發現以象徵的形式來表現古典主義與浪漫主義的調協。浮士德到皇宮的經驗，如政治家、人民的領袖、開闢家、工程師等題旨使他發生最大的趣味。他的政治眼光也驚人地擴大；他參與現代歷史上最天才的人物拿破崙的騰達與降落的活動，他熱心地跟隨現代技術的演進，對處理自然與主宰宇宙的偉大天才的發明加以尊敬。他在「韋連牧梅斯特旅行之年」一書裏盡力研討社會組織與人類合作的嚴重問題。最後，浮士德末年運命的神秘佔據了他，並馬上吸住了他：他的思考停止在「愛」的奧妙上。這「愛」是人類最終的原則，他對死後的活動，對超越靈魂的不滅，與大衆的基本生命的低級靈魂的再新，均加研究。這樣，浮士德的題旨在他的心靈裏形成一種新的生命，因這種題旨在他看來，好像是總的旨趣幫助他能以象徵的形式，表現他對藝術與人類，生活與死滅的最後見解。

從一八二六年到一八三一年，第二部浮士德宣告完結。但它沒有了直接懺悔的性質，這是與原始浮士德不同的。

第一、歌德的藝術不再是少年時純憑熱烈的興會與無意識的創造，而是一種成熟、深思的藝術，達到十分有把握的地步。「原始浮士德」所給我們的情緒，好像是在神秘生命中的一段裏找到的。內容與形式間，劇情的組合，詩句的韻調，口頭的表現，有一種完美的調協，很似眞正的自然，我們一點感不到技巧、思考與工作的痕跡。在「浮士德定稿」裏就略微變更了。在有些幕景如「魔女的厨房」或「華爾布幾斯之夜」裏就顯出巧妙的穿鑿；在「奧愛爾巴哈地下酒肆」，「學生」或尤其是「監獄」的幕景裏顯出完美的潤飾與做作的風格。另一方面的計劃，也不過是由於偶然的興會所產生的繪畫，而將這些繪畫隨意排列起來。等到一種一貫的意念形成後，纔能組成全體的次序。總之，我們可以講「原始浮士德」是偶然的興會與有意識的技巧幸運地得到連結。在第二部浮士德裏，不成問題詩人以統治者的態度來「命令」詩。他處處「依照計劃」，照着我們曾經援引過的紀律大綱，有意識地來塡補各個的節目。我們在他身上感出一種藝術家的高超技巧，這種技巧有它的規則來對付一切的題旨，來安排一切的情趣，來描繪各色形況的靈魂。這種技巧又儲備着各種意象與象徵的材料，可以作爲用之不竭的寶庫。它任意處理一切風格，並且將一種誘惑性的智巧用在所有的創造與韻脚上。我這話的意思，並不是說歌德非爲特殊的天才者，而僅是一位熟練的工匠，與會是仍然繼續的，我們在他老年的偉大作品裏，時時看到他充分的生活、個性與深厚的感覺力。偶然的創造者加上一層可羨慕的技巧，變成了一種驚人的複雜與完善的工具，他會認識一切的資源，知道在那裏怎樣汲取最豐富與最奇形的效果，第二部浮士德給我們顯著的印象是極大的主宰性。

再從別的觀點來區分一下第一部與第二部「浮士德」的顯明的異趣。

在原始「浮士德」裏，總是「浮士的歌德」站在最先鋒，時而以長的獨白自我陳述，時而以反方面的對談者如華格納、梅菲斯特或葛萊卿來自行描繪。趣味幾乎完全集中在浮士德，以及他所貫串的經驗。在第二部裏就不是這樣了。歌德讓他的主人翁在一串自具興趣的環境中遊蕩，並且它們對浮士德的心理也不能有什麼影響。第一幕的假裝跳舞會，古典的華爾布幾斯之夜的觀光，斯巴達前海崙的顯現，皇帝與僞皇戰爭的描寫是些廣大與壯麗的畫卷，它們本身就自具美感，浮士德在那裏不過是副角，甚而有時還完全失現！尤其顯著的是在華爾布幾斯之夜裏，浮士德的追求與梅菲斯特或何蒙古魯士的相較，所佔地位極少。爲結尾，詩人纔將他的主要的職務一部分地說出，就是貝爾塞封前的懇求！但在「海崙」一幕裏，浮士德的角色就相當重要。如果我們稍加思索，就可看出詩人在梅拉納斯宮前的海崙及其侍從，在波羅波納斯（註二二〇）的日耳曼封土，亞爾加底的理想主活，俞福里央的生與死數幅畫卷中，使我們發生趣味的與其說是浮士德的內心的演變，不如說，浮士德穿過新世界時所顯現的希臘美。我們來觀賞浮士德穿過大世界的朝山，但這朝山的各站的圖景給予歌德的關係，較之朝山者本人的靈魂還要深，浮士德再變成戲劇的主要角色。直到第五幕了，那裏他完成了他第二次大的經驗。並決定了他的命運。我們再看看五幕的末尾完全在浮士德的無音息的屍首前展開；並且浮士德轉變向自由的與無私心的合作思想時，他的必須發生這樣重要的變化，而詩人僅以幾句詩文來指示，這種指示使我們相當費力纔能瞭解完成主人翁靈魂的主要進展。我們可以說，並不是太無稽地說：在悲劇的第二部裏，浮士德的命運所給我們的注意，遠不如在第一部裏。反過來，我們在這裏還能找到一種極廣世界的形相，一串宏偉的畫卷，給我們表現了從德意志的中產階級庸俗的境界逃出後，浮士德所穿過的環境，卽皇宮、古希臘、希臘的神話、生活的各種萌芽、歷史與戰爭的世界、天使與魔鬼對於要離開肉體的靈魂的爭執、靈魂向上天的高升。歌德感覺「二部浮士德」的劇情較之第一部的是展開在更優越、更客觀、更平靜的計劃上，而第一部是這樣的主觀的，這樣的熱情的與這樣的中產階級的。

從此可以看出，要想確實指明在怎樣的程度可以認爲「浮士德」是歌德的懺悔錄是如何地困難。

無論怎樣，我們在那裏不能看出一種全部的懺悔。這樣的錯綜複雜與變化萬千，卽令是「浮士德」中所表現的對世界的看法，也不能與歌德所主張的單元論（Monade）完全一致。說明歌德的哲學不是一件容易的事。不僅因他的內容的廣泛，也因歌德的思想永遠在變，時時在變，因一時的意向與印象而在改易。浮士德時而與歌德極接近，時而與他極遠。要想穿過他的暫時的，瞬間的各種變態，認識全部歌德的單元論，那是夢想。在歌德的作品、智慧、人格裏有許許多多事物是浮士德所沒有的，如果以爲單靠浮士德就可認識歌德，那就犯了重大的錯誤。尼采在某地方說：「在普通生活的情況下，我們說人類的性格，那就包括許許多多的矛盾在裏頭。至如說由自然現象就可以窺出詩人創造的理想的模特兒，那是大錯而特錯。一個活人因實際的需要，不得不顯出虛假的矛盾，我們往往看不出他的眞正性格。理想的人物，藝術的幻想，因要表現一種必然的性格，不得不將活人的性格簡單化。所以從實際人類取得的理想的人物，僅是整個的實在經過專一題旨的簡單化後所得的一種幻影，一種半面像」。不要忘記這樣正確的尼采議論，關於實際人物與理想人物的必然區分，當我們想瞭解浮士德與歌德關係的時候。

雖是這樣說，或許還允許我們加一句；他描寫的浮士德的性格是從自然主義者的汎神論，穿過古典的美感主義，走向社會的活動與最後愛情的神秘境界。這樣，在歌德性格的演變上，不見得不能認出同類的情況。當然，這樣說法並不是完全包括魏瑪的智者之精神演化的整個內容。但事實上，浮士德的形相在歌德心靈裏活動與產生有六十多年之久，從他的少年一直到極端的老年，這個時期內，浮士德的人生觀幾乎與歌德對世界的看法並行地在演變，或許我們在「浮士德」裏找到一種最足以代表歌德的形相；雖不完全，但是最能顯出他的特點。我們以簡單化後或多少有點兒想像的幻想的人物來象徵歌德的本質。在這種意義與在這種限制內，我們可以認「浮士德」爲最有價值的詩的象徵。這樣歌德可以給我們表現出，給我們懺悔出他自己是怎樣的與他的意向在那裏，我們從意象與奧妙的詩句裏窺出他特有的性質以及他對生命的秘密是怎樣的解釋。

註釋

註一：Roger Bacon，英國修道士，綽號「可欽敬的博士」，是中古時代實證科學的大師。（一二一四——一二九四）

註二：Albert le Grand，杜米尼克教的修道士，神學家，哲學家與鍊丹者。（一一九三——一二八〇）

註三：Sylvestre II (Gerbert)，九九九到一〇〇三年教皇。

註四：Grégoire VII (Hildebrand)，一〇七三到一〇八五年教皇。

註五：Paul II，一四六四到一四七一年教皇。

註六：Alexandre III，一一五九——一一八一年教皇。

註七：Vinci (Léonard de) 意大利文藝復興時代的弗羅崙斯派著名畫家。

註八：Michel-Angle (Buonarroti)，意大利文藝復興時代畫家，彫刻家，建築家與詩人。

註九：Bargia (César)

註一〇：Dürer (Albert)，德國的畫家與彫刻家，（一四七一——一五二八）。

註一一：Erasme (Didier)，荷蘭的文學家，哲學家，文藝復興時代最偉大的人文主義者（一四六七——一五三六）。

註一二：Reuchlin（Jean），德國人文主義的學者，希伯來科學的先導者。（一四五五——一五二二）

註一三：Hutten（Ulrich van）德國的神學家與文學家。（一四八八——一五二三）

註一四：Luthe（Martin），奧古斯丁教的修道士，德國宗教改革的領袖。（一四八三——一五四六）

註一五：Mélanchton（philipe Schwartzerd）德法神學家，路得的朋友（一四九七——一五六〇）

註一六：Paracelse，瑞士的鍊丹家與醫生（一四九三——一五四一）。

註一七：Panurge 是法國十六世紀諷刺小說家 Rabelais 的小說 Pantagruel 裏的主要人物之一。

註一八：Camerarius（Joachim Liebhard）德國的學者，在他的時代的政治上與宗教上很有地位。（一五〇〇——一五七四）

註一九：Plaute（Titus Maccius Pliutus），拉丁喜劇詩人（紀元前二五〇——一八四）。

註二〇：Térence，拉丁喜劇家（紀元前一九四——一五九）。

註二一：Bruno（Giordano），意大利哲學家，因信仰加爾文主義而被焚死於羅馬。（一五五〇——一六〇〇）

註二二：Savonarole（Jérôme），杜米尼克教的傳教者，爲宣傳異教而被羅馬人焚死。（一四五二——一四九八）

註二三：Contritio，這個字的意思就是，因攻擊上帝而得到的深刻的與嚴厲的苦痛，較之瀆神的懺悔要進一步。

註二四：Rarrabas，據新約路加福音第二十三章講，巴拉巴是因在城裏作亂殺人而下監獄裏的，後來人民要求彼拉多把他釋放，同時，彼拉多本想釋放耶穌，反被人民要求而釘十字架。

註二五：Nostradamus，著名的天文學家（一五〇三——一五六六）。

註二六：Basile (Saint)，希臘教會的神父，基督教制度的創設者之一。（三二九——三七九）。

註二七：Valentin (Saint)，意大利的傳教師，二七〇年左右被害。

註二八：Swedenborg (Emmanuel)，瑞典的神秘哲學家。（一六八八——一七七二）

註二九：Gotsched (Jean-Christophe) 德國文學家，萊錫普大學文學教授。（一七〇〇——一七六六）

註三十：Tragélaphe，麕之一種，產生於熱帶非洲。

註三二：Sphinx 為希臘傳說上的動物，獅身人面。說是他在歐地普 (Oedipe) 時代坐在台伯斯城外的大路邊，向所有過路的人猜他的謎語，如果解答不出，即被他吃了。這樣死去很多的人。最後他向歐地普出一個謎，謎語是：「那一種動物早上用四隻脚，中午用兩隻脚，晚上用三隻脚走路」？歐地普猜出他的話是象徵人類的孩提，丁年與老年時，他非常氣憤，於是自己投海而死。

註三三：Mallarmé (Stèphane)，法國象徵派詩人（一八四二——一八九八）。

註三四：Stravinski，俄國音樂家，生於一八八二年。

註三五：Bach (Jean-Sébastien)，德國音樂家。（一六八五——一七五〇）

註三六：Romain (Jules)，羅馬派的建築家與畫家，拉菲爾弟子（一四八三——一五二〇）。

註三七：Raphaël Sanzio，羅馬派最著名的畫家，彫刻家與建築家（一四八三—一五二〇）。

註三八：Farnesino 或 Villa Farnese，羅馬著名宮殿，原屬伐納希納家的，後改為宮殿，其中壁畫全為拉非爾所繪。

註三九：Polygnote，希臘畫家，生於紀元前五世紀。

註四〇：Campo-Santo爲意大利人公葬有勛於國的名人之墓地，這種公葬地的最著者在 Pise。

註四一：Titien 係 Tizians Vecello 之別號，意大利畫家，第一個用彩色畫的人，並爲威尼斯畫派的領袖。（一四七七——一五七六）

註四二：Guido Reni，意大利畫家（一五七五——一六四二）。

註四三：Schumann（Robert），普魯士樂譜家與鋼琴家（一八一〇——一八五六）。

註四四：Mahler（Gustav），在美洲之奧國樂譜家與指揮者（一八六〇——一九一一）。

註四五：奧林匹是希臘地名，據傳說，那裏是希臘神仙的居住地，也是希臘神話的發源地。這裏奧林匹人的意思，是說與希臘神話有關係的人。

註四六：Remerandt，荷蘭名畫家（一六〇六——一六六九）。

註四七：Beethoven（Louis Van）德國最著名的音樂家（一七七〇——一八二七）。

註四八：Milton（John），英國大詩人，克倫威爾的私人秘書，自克氏死後，他即過一種隱居的、窮苦的、瞎眼的、被人遺忘的生活，他向他妻子與兩個女兒聽寫他不朽的名著「失去的樂園」。（一六〇八——一六七四）

註四九：Tyndare，傳說上的斯巴達王，海崙的父親。

註五〇：Homére，希臘最著名的詩人。他最著名的兩部作品是依利亞德與奧地塞。

註五一：Zeus 或 Jupiter，希臘人與羅馬人稱他爲萬神之父或萬神之主宰。

註五二：Euripide，希臘三大悲劇家之一。特魯安與奧雷斯特是他的兩部名著。

註五三：Stésichore，希臘紀元前六世紀抒情詩人，他給後來的詩歌合唱很大影響。

註五四：Hra，希臘傳說上的司婚姻之女神。

註五五：Hermes，希臘的水星名稱。

註五六：Herodote，希臘歷史家，被譽稱「歷史之父」。

註五七：Aphrodite，希臘的 Venus 名，卽女神。

註五八：Thétis，希臘的女海神，亞希勒的母親。

註五九：Arctinos，兩首希臘神話詩的作者，一首是 Aithiopis，另一首是 Sack of Troy。

註六〇：Médée 希臘傳說上的女魔術家。

註六一：Pomeranie，普魯士的一個省份。

註六二：Marche，法國古時的一個省份。

註六三：Visitule，波蘭與德國間的一條河流。

註六四：Eurydice，傳說上奧爾芬的妻子，他們結婚的那一天，她被毒蛇咬死了，奧爾芬到地獄裏求救，因他的悲慘的歌聲感動了地獄的神靈們，允許將他的妻子送回。但有一個條件，就是在他未走出陰暗的帝國以前不許往後看。這樣他從地獄裏救活了她。

註六五：Alceste，傳說上亞德美特（Adméte）的妻子，她爲救她的丈夫而犧牲了性命。海拉克賴斯（Hercule）進入地獄把她救活來。

註六六：Protesilas，希臘黛沙里的英雄，他也是第一個踏入特魯瓦的希臘戰士。他被海克特（Hector）殺死後，他的妻子勞達米（Laodamie）求得地獄神靈們的恩惠與丈夫見到最後一面。卽至把這位英雄引到地上時，馬上又死了。

註六七：Argonautes，傳說上的一羣希臘英雄，他們乘着名爲 Argo 的船消滅了 Colchide 地方的 Toisond, or。他們這一羣大概有五十位左右，爲首的是 Jason, 其餘是 Hercule, Castor et Poilux, Orphée, Télamon, Pélée 等。

註六八：Achille，荷馬的依利亞特詩裏最著名的希臘英雄。他的故事很多，希隆與他是師生關係。希隆爲養成他的強壯與男性的勇猛起見，讓他吃獅子的精髓。後世稱「亞希勒的教育」，那意思就是說英勇的教育。

註六九：Gorgones ，寓言裏的怪物。她們是三姊妹，名爲 Méduse, Euryale 與 Sthéno ，如果有人注視她們，她們能讓這位注視的人變成石子，尤其 Méduse 最能運用這種能力。

註七〇：Prosrpine，地獄裏的皇后。

註七一：Léthé，地獄裏的河流名稱，其意義爲「遺忘」，意譯爲「遺忘河」，據希臘神話講，幽靈們飲了這河裏的水可以完全忘記以往。

註七二：Perséphone 或 Core，希臘神女，地獄裏皇后，也就是羅馬人傳說裏的 Proserpine。

註七三：Arioste（Ludovico Ariosto的別號），意大利文藝復興時代的著名詩人，他曾受愛斯特主教的保護

（一四七四——一五三三）。

註七四：Mardi gras，這個節在四旬齋之前一日，狂歡節之末日，這時羅馬、巴黎與威尼斯等處都舉行盛大的慶祝。

註七五：Sachs（Hans），德國詩人與短篇小說家。（一四九四——一五七六）。

註七六：Hadès 或 Ades，普羅東（Pluton）的希臘名。普羅東爲地獄的國王與死人們的上帝。普羅賽嬪的丈夫。

註七七：Plutarque，希臘歷史家與道德家。

註七八：Anaximandre，希臘愛奧那哲學家，「無窮」學說的創立者。（紀元前六一〇——五四七）

註七九：Fichte（Jean Gottlieb），德國哲學家，康德的弟子，謝林的老師。（一七六二——一八一四）

註八〇：Prométhée，希臘傳說上的火神，他是人類文化的最先啓發者。他以泥造了人形後，爲他的泥人走動計，偸竊了天火，被木星懲罰，後由大力神把他釋放。

註八一：Descarte（René），法國哲學家，物理學家與幾何學家（一五九六——一六五〇）。

註八二：Bayle（Pierre），法國作家，他的字典名爲「歷史字典」（Dictionaire Historique）。

註八三：Hamann（Jean-Georges），德國作家（一七三〇——一七八八）。

註八四：Sterne（Laurence），英國作家（一七一三——一七六八）。

註八五：Rousseau（Jean-Jacques），法國哲學家與小說家（一七一二——一八一三）。

註八六：Wieland（Christophe-Martin），德國詩人與文學家（一七三三——一八一三）。

註八七：Maupertuis (Pierre-Louis moreau de)，法國幾何學家與自然主義者（一六九八——一七五九）。

註八八：Lamettrie (Julien de)，法國唯物主義者的醫生與哲學家。（一七〇九——一七五一）。

註八九：Vaucanson (Jacques de)，德國機械家。他的機械傀儡爲「吹笛者」，尤其「雄雞」特別著名。

註九〇：Hoffmann (Ernest-Theodore Amedée)，德國音樂家與小說家（一七七六——一八二二）。

註九一：Entelechie 爲肉體活動的原動力之不死的個個的靈魂。

註九二：Leibniz (Gottfried Wilhclm)，德國的著名哲學家與學者，原子說爲其發明（一六四六——一七一六）。

註九三：Voss (Jean-Henri)，德國詩人（一七五一——一八二六）。

註九四：Hésiode，紀元前九世紀或八世紀的希臘詩人，宗教的，教育的與道德的詩篇的作者。

註九五：「把i字上加一點」(Mettre les points sur les i) 是法文的一句成語，那意思是說：「不矯揉做作而處以清楚的與微細的態度」。用在這裏的意思，是說何蒙古魯士找到了直接了當的辦法。

註九六：Buch (Léopold de)，德國地質學家，他的著名學說是關於山脈的形成論（一七七四——一八五三）。

註九七：Humboldt (Alexandre Von)，普魯士的自然科學家與作家，他的最著名著述爲「赤道地帶旅行記」。

註九八：Beaumont (Elie de)，法國地質學家，法國自然科學院的常任秘書。（一七九八——一八七四）。

註九九：Pasteur (Louis)，法國最著名的化學學者，他的發明為各種發酵菌，蠶病，熱病預防，以及其他各種傳染病。他的發明使治病技術完全改革了。

註一〇〇：Gundolf，現代德國美學家，他的「歌德研究」一書，頗負盛名。

註一〇一：Icare，他是代達爾的兒子，他同他的父親用蠟將羽翼沾在身上，從克雷特島的一座迷宮裏逃跑。因為飛得太近太陽，蠟質溶化，他的羽翼脫了身，以致沉入海裏。這是比喻一些想做不可能的事，而致犧牲的人們。這裏「新的伊卡路斯」也就「伊卡路斯第二」的意思。

註一〇二：Baldensperger，現任巴黎大學比較文學教授，他是比較文學的鼻祖。他對歌德極有研究。

註一〇三：Dionysos，羅馬酒神，Bacchus 之希臘名稱。據神話講，他為救他的父親 Jupiter 而與大人國作戰。戰爭正酣之際，奧蘭皮主人為激起他的勇氣而喊着：「硬是要得！勇敢呀，巴苦斯」！這個喊語現在成了巴苦斯的綽號。

註一〇四：Novalis (Frédéric)，德國詩人，為德國浪漫派作家之最重要的代表（一七七二——一八〇二）。

註一〇五：Delacroix (Eugéne)，法國十九世紀一位最著名的畫家（一七九九——一八六三）。

註一〇六：Wagner (Richard)，德國著名樂譜家，他有一種奇特的天才，他的歌詞差不多，都從日爾曼民族的傳說中汲取，且改正了歌舞劇的傳統認識。他對他的時代的音樂影響非常之大（一八一三——一八八三）。

註一〇七：Sardanapale，傳說上的人物，說是他在紀元前八三六至八一七年曾為亞西利亞國王，他在人們的心目中成了一位淫逸的，卑劣的，柔弱的，王子典型。

註一〇八：Ovide (Publius Ovidius Naso)，拉丁詩人，「變態論」(Metamorphoses) 的作者。

註一〇九：Fréderic II, legrand，普魯士王。他很愛好文藝，經常請些著名的法國作家與哲學家如福羅泰爾等到他的「無愁宮」來住，這「無愁宮」之旁，有一位老者，是風磨的主人，這風磨的聲音終日作響，使佛里特里克非常難過，擬購買毀之，而老者不願賣。至今這個風磨還在無愁宮之旁依然存在。

註一一〇：Achab，以色列人的王，因侵佔那波特的葡萄園而致此人於死地。

註一一一：Horace (Quintus Horatius Flaccus)，拉丁的著名詩人（紀元前六四——八）。

註一一二：Virgile，拉丁最著名的詩人（紀元前七〇——一九）。

註一一三：Hygin (Saint) 一三九到一四二年的敎皇，有人說是一五四到一五八，還有人說是一三七到一四九年。

註一一四：薛勞克 (Shylock) 爲莎士比亞著名喜劇「威尼斯商人」的主要人物。這個人物之所以著名爲他象徵化了貪心的放重利者，殘忍的債權者。他借給一位威尼斯商人昂徒尼秀兩千杜加 (ducats)，借約上寫如果到期還不了這筆債，他要在昂徒尼秀身上割一磅任他選擇的肉。到期這位商人眞個還不了這筆債，於是就要履行借約的條款，一位法律家出來替商人辯護說：「恰恰割一磅肉；如果你割了一磅多一點或少一點，僅管多的是一格蘭姆的二十分之一，或秤上差一根頭髮那樣的不平，你就得死。」結果，薛勞克不敢割這磅肉而輸了訴訟。

註一一五：Cumesi 是希臘的一個古地名。

註一一六：Giotto（Angiolotos Di Bondone 的別號），福羅倫斯的畫家；丹丁的朋友（一二六六——一三三六）。

註一一七：Orcagna（Andrea），福羅倫斯的畫家與建築家，比薩聖地壁畫的作者。

註一一八：Murillo（Bartolomée Esteban 的別號），西班牙畫家，他這幅「升天圖」被認爲是一幅傑作。

註一一九：Apocalypse（希臘文的意思是天啓），爲聖Jean l' Evangéliste 的著作，是一部象徵的與神祕的書，異常難懂。

註一二〇：Péloponése，古代希臘地名，即現今之摩里亞，古典的華爾布幾斯之夜就在這裏舉行。

滄海叢刊已刊行書目(八)

書名	作者	類別
文學欣賞的靈魂	劉述先	西洋文學
西洋兒童文學史	葉詠琍	西洋文學
現代藝術哲學	孫旗譯	藝術
音樂人生	黃友棣	音樂
音樂與我	趙琴	音樂
音樂伴我遊	趙琴	音樂
爐邊閒話	李抱忱	音樂
琴臺碎語	黃友棣	音樂
音樂隨筆	趙琴	音樂
樂林蓽露	黃友棣	音樂
樂谷鳴泉	黃友棣	音樂
樂韻飄香	黃友棣	音樂
樂圃長春	黃友棣	音樂
色彩基礎	何耀宗	美術
水彩技巧與創作	劉其偉	美術
繪畫隨筆	陳景容	美術
素描的技法	陳景容	美術
人體工學與安全	劉其偉	美術
立體造形基本設計	張長傑	美術
工藝材料	李鈞棫	美術
石膏工藝	李鈞棫	美術
裝飾工藝	張長傑	美術
都市計劃概論	王紀鯤	建築
建築設計方法	陳政雄	建築
建築基本畫	陳榮美 楊麗黛	建築
建築鋼屋架結構設計	王萬雄	建築
中國的建築藝術	張紹載	建築
室內環境設計	李琬琬	建築
現代工藝概論	張長傑	雕刻
藤竹工	張長傑	雕刻
戲劇藝術之發展及其原理	趙如琳譯	戲劇
戲劇編寫法	方寸	戲劇
時代的經驗	汪琪 彭家發	新聞
大衆傳播的挑戰	石永貴	新聞
書法與心理	高尚仁	心理

滄海叢刊已刊行書目(七)

書名	作者	類別
印度文學歷代名著選(上)(下)	糜文開編譯	文學
寒山子研究	陳慧劍	文學
魯迅這個人	劉心皇	文學
孟學的現代意義	王支洪	文學
比較詩學	葉維廉	比較文學
結構主義與中國文學	周英雄	比較文學
主題學研究論文集	陳鵬翔主編	比較文學
中國小說比較研究	侯健	比較文學
現象學與文學批評	鄭樹森編	比較文學
記號詩學	古添洪	比較文學
中美文學因緣	鄭樹森編	比較文學
文學因緣	鄭樹森	比較文學
比較文學理論與實踐	張漢良	比較文學
韓非子析論	謝雲飛	中國文學
陶淵明評論	李辰冬	中國文學
中國文學論叢	錢穆	中國文學
文學新論	李辰冬	中國文學
離騷九歌九章淺釋	繆天華	中國文學
苕華詞與人間詞話述評	王宗樂	中國文學
杜甫作品繫年	李辰冬	中國文學
元曲六大家	應裕康 王忠林	中國文學
詩經研讀指導	裴普賢	中國文學
迦陵談詩二集	葉嘉瑩	中國文學
莊子及其文學	黃錦鋐	中國文學
歐陽修詩本義研究	裴普賢	中國文學
清真詞研究	王支洪	中國文學
宋儒風範	董金裕	中國文學
紅樓夢的文學價值	羅盤	中國文學
四說論叢	羅盤	中國文學
中國文學鑑賞舉隅	黃慶萱 許家鸞	中國文學
牛李黨爭與唐代文學	傅錫壬	中國文學
增訂江皋集	吳俊升	中國文學
浮士德研究	李辰冬譯	西洋文學
蘇忍尼辛選集	劉安雲譯	西洋文學

滄海叢刊已刊行書目(六)

書名	作者	類別
卡薩爾斯之琴	葉石濤	文學
青囊夜燈	許振江	文學
我永遠年輕	唐文標	文學
分析文學	陳啓佑	文學
思想起	陌上塵	文學
心酸記	李喬	文學
離訣	林蒼鬱	文學
孤獨園	林蒼鬱	文學
托塔少年	林文欽編	文學
北美情逅	卜貴美	文學
女兵自傳	謝冰瑩	文學
抗戰日記	謝冰瑩	文學
我在日本	謝冰瑩	文學
給青年朋友的信(上)(下)	謝冰瑩	文學
冰瑩書柬	謝冰瑩	文學
孤寂中的廻響	洛夫	文學
火天使	趙衛民	文學
無塵的鏡子	張默	文學
大漢心聲	張起鈞	文學
回首叫雲飛起	羊令野	文學
康莊有待	向陽	文學
情愛與文學	周伯乃	文學
湍流偶拾	繆天華	文學
文學之旅	蕭傳文	文學
鼓瑟集	幼柏	文學
種子落地	葉海煙	文學
文學邊緣	周玉山	文學
大陸文藝新探	周玉山	文學
累廬聲氣集	姜超嶽	文學
實用文纂	姜超嶽	文學
林下生涯	姜超嶽	文學
材與不材之間	王邦雄	文學
人生小語(一)(二)	何秀煌	文學
兒童文學	葉詠琍	文學

滄海叢刊已刊行書目㈤

書名	作者	類別
中西文學關係研究	王潤華	文學
文開隨筆	糜文開	文學
知識之劍	陳鼎環	文學
野草詞	韋瀚章	文學
李韶歌詞集	李韶	文學
石頭的研究	戴天	文學
留不住的航渡	葉維廉	文學
三十年詩	葉維廉	文學
現代散文欣賞	鄭明娳	文學
現代文學評論	亞菁	文學
三十年代作家論	姜穆	文學
當代臺灣作家論	何欣	文學
藍天白雲集	梁容若	文學
見賢集	鄭彥棻	文學
思齊集	鄭彥棻	文學
寫作是藝術	張秀亞	文學
孟武自選文集	薩孟武	文學
小説創作論	羅盤	文學
細讀現代小説	張素貞	文學
往日旋律	幼柏	文學
城市筆記	巴斯	文學
歐羅巴的蘆笛	葉維廉	文學
一個中國的海	葉維廉	文學
山外有山	李英豪	文學
現實的探索	陳銘磻編	文學
金排附	鍾延豪	文學
放鷹	吳錦發	文學
黃巢殺人八百萬	宋澤萊	文學
燈下燈	蕭蕭	文學
陽關千唱	陳煌	文學
種籽	向陽	文學
泥土的香味	彭瑞金	文學
無緣廟	陳艷秋	文學
鄉事	林清玄	文學
余忠雄的春天	鍾鐵民	文學
吳煦斌小説集	吳煦斌	文學

滄海叢刊已刊行書目(四)

書名	作者	類別
歷史圈外	朱桂	歷史
中國人的故事	夏雨人	歷史
老臺灣	陳冠學	歷史
古史地理論叢	錢穆	歷史
秦漢史	錢穆	歷史
秦漢史論稿	刑義田	歷史
我這半生	毛振翔	歷史
三生有幸	吳相湘	傳記
弘一大師傳	陳慧劍	傳記
蘇曼殊大師新傳	劉心皇	傳記
當代佛門人物	陳慧劍	傳記
孤兒心影錄	張國柱	傳記
精忠岳飛傳	李安	傳記
八十憶雙親 師友雜憶 合刊	錢穆	傳記
困勉強狷八十年	陶百川	傳記
中國歷史精神	錢穆	史學
國史新論	錢穆	史學
與西方史家論中國史學	杜維運	史學
清代史學與史家	杜維運	史學
中國文字學	潘重規	語言
中國聲韻學	潘重規 陳紹棠	語言
文學與音律	謝雲飛	語言
還鄉夢的幻滅	賴景瑚	文學
葫蘆・再見	鄭明娳	文學
大地之歌	大地詩社	文學
青春	葉蟬貞	文學
比較文學的墾拓在臺灣	古添洪 陳慧樺 主編	文學
從比較神話到文學	古添洪 陳慧樺	文學
解構批評論集	廖炳惠	文學
牧場的情思	張媛媛	文學
萍踪憶語	賴景瑚	文學
讀書與生活	琦君	文學

滄海叢刊已刊行書目㈢

書名	作者	類別
不疑不懼	王洪鈞	教育
文化與教育	錢穆	教育
教育叢談	上官業佑	教育
印度文化十八篇	糜文開	社會
中華文化十二講	錢穆	社會
清代科舉	劉兆璸	社會
世界局勢與中國文化	錢穆	社會
國家論	薩孟武譯	社會
紅樓夢與中國舊家庭	薩孟武	社會
社會學與中國研究	蔡文輝	社會
我國社會的變遷與發展	朱岑樓主編	社會
開放的多元社會	楊國樞	社會
社會、文化和知識份子	葉啓政	社會
臺灣與美國社會問題	蔡文輝 蕭新煌 主編	社會
日本社會的結構	福武直 著 王世雄 譯	社會
三十年來我國人文及社會科學之回顧與展望		社會
財經文存	王作榮	經濟
財經時論	楊道淮	經濟
中國歷代政治得失	錢穆	政治
周禮的政治思想	周世輔 周文湘	政治
儒家政論衍義	薩孟武	政治
先秦政治思想史	梁啓超原著 賈馥茗標點	政治
當代中國與民主	周陽山	政治
中國現代軍事史	劉馥著 梅寅生譯	軍事
憲法論集	林紀東	法律
憲法論叢	鄭彥棻	法律
師友風義	鄭彥棻	歷史
黃帝	錢穆	歷史
歷史與人物	吳相湘	歷史
歷史與文化論叢	錢穆	歷史

滄海叢刊已刊行書目(二)

書名	作者	類別
語言哲學	劉福增	哲學
邏輯與設基法	劉福增	哲學
知識・邏輯・科學哲學	林正弘	哲學
中國管理哲學	曾仕强	哲學
老子的哲學	王邦雄	中國哲學
孔學漫談	余家菊	中國哲學
中庸誠的哲學	吳怡	中國哲學
哲學演講錄	吳怡	中國哲學
墨家的哲學方法	鐘友聯	中國哲學
韓非子的哲學	王邦雄	中國哲學
墨家哲學	蔡仁厚	中國哲學
知識、理性與生命	孫寶琛	中國哲學
逍遥的莊子	吳怡	中國哲學
中國哲學的生命和方法	吳怡	中國哲學
儒家與現代中國	韋政通	中國哲學
希臘哲學趣談	鄔昆如	西洋哲學
中世哲學趣談	鄔昆如	西洋哲學
近代哲學趣談	鄔昆如	西洋哲學
現代哲學趣談	鄔昆如	西洋哲學
現代哲學述評(一)	傅佩榮譯	西洋哲學
懷海德哲學	楊士毅	西洋哲學
思想的貧困	韋政通	思想
不以規矩不能成方圓	劉君燦	思想
佛學研究	周中一	佛學
佛學論著	周中一	佛學
現代佛學原理	鄭金德	佛學
禪話	周中一	佛學
天人之際	李杏邨	佛學
公案禪語	吳怡	佛學
佛教思想新論	楊惠南	佛學
禪學講話	芝峯法師譯	佛學
圓滿生命的實現(布施波羅蜜)	陳柏達	佛學
絶對與圓融	霍韜晦	佛學
佛學研究指南	關世謙譯	佛學
當代學人談佛教	楊惠南編	佛學